水工混凝土结构
耐久性研究

郑建波 ◎著

北京理工大学出版社
BEIJING INSTITUTE OF TECHNOLOGY PRESS

内 容 提 要

混凝土的耐久性是一个受多因素影响的复杂研究范畴，既包括材料本体的特性，又涉及复杂多变的环境因素以及工程的实际运行条件等，因此，混凝土耐久性的研究是一个较为困难的研究领域。本书总结了几十年来水工混凝土耐久性研究领域的主要成果，许多成果已经在众多大坝工程中应用，并取得了良好效果。笔者在进行水工混凝土耐久性研究的同时，也介绍了提高水工混凝土耐久性及修补加固水工混凝土的新材料、新技术，如 HBC 低热高抗裂新型大坝混凝土、高抗冻超抗冻混凝土、混凝土抗冻性的定量化设计及施工、柔性全封闭抗冲耐磨技术、大坝保温防渗抗裂技术及防碳化技术等。

本书可供科研、设计、施工管理人员及高校师生使用和参考。相信本书的出版，将进一步推动我国水工混凝土及其他工程混凝土耐久性研究及应用的发展。

图书在版编目（CIP）数据

水工混凝土结构耐久性研究／郑建波著.—北京：北京理工大学出版社，2018.3
ISBN 978-7-5682-5376-5

Ⅰ.①水…　Ⅱ.①郑…　Ⅲ.①水工结构—混凝土结构—耐用性—研究
Ⅳ.①TV331

中国版本图书馆CIP数据核字（2018）第044580号

出版发行／北京理工大学出版社有限责任公司
社　　址／北京市海淀区中关村南大街 5 号
邮　　编／100081
电　　话／（010）68914775（总编室）
　　　　　（010）82562903（教材售后服务热线）
　　　　　（010）68948351（其他图书服务热线）
网　　址／http://www.bitpress.com.cn
经　　销／全国各地新华书店
印　　刷／北京紫瑞利印刷有限公司
开　　本／710 毫米×1000 毫米　1/16
印　　张／9.5　　　　　　　　　　　　　　　　责任编辑／申玉琴
字　　数／179 千字　　　　　　　　　　　　　　文案编辑／申玉琴
版　　次／2018 年 3 月第 1 版　2018 年 3 月第 1 次印刷　　责任校对／周瑞红
定　　价／48.00 元　　　　　　　　　　　　　　责任印制／边心超

前　言
PREFACE

　　随着混凝土建筑的日益增多，混凝土耐久性问题越来越受到人们的重视，这是由于它直接影响工程的安全性和使用寿命，与工程的经济效益和社会效益密切相关。水利水电混凝土工程直接为人民生活用水、工农业供水、防洪度汛和水力发电等服务，在国计民生中具有重大作用，因此水工混凝土的耐久性更为重要。

　　水泥和混凝土作为人工建筑材料在工程中应用的历史约200年。众多混凝土结构在运行20～40年甚至更短的时间内，由于耐久性不良及环境条件的恶化，出现过早的"老化病害"，甚至危及运行安全，人们不得不花费巨资进行工程的修补加固，甚至推倒重建。

　　发达国家吸取经验教训，掀起了混凝土耐久性及修补技术的研究热潮，成立了专门的国际性研究机构，如"欧洲混凝土委员会"和"材料与结构试验室联合会"等。国际混凝土耐久性学术会议已召开多次，混凝土耐久性的研究已经从工程调研、性能研究，发展到以寿命为目标的耐久性设计研究。

　　水工混凝土建筑物主要包括混凝土大坝、水闸、堤防、隧洞、渡槽等。这些水工混凝土建筑物能否长期安全运行，不仅涉及巨大的经济效益，更是关系大江、大河防洪度汛等国计民生的大事。因此水工混凝土建筑物的耐久性问题，一直受到各级领导部门的重视。中国土木工程学会混凝土及预应力混凝土分会，在1985年就成立了混凝土耐久性专业委员会，并挂靠在中国水利水电科学研究院结构材料研究所。

本书总结了几十年来水工混凝土耐久性研究领域的主要成果，这些成果已经在众多大坝工程中应用，并取得了良好效果。笔者在进行水工混凝土耐久性研究的同时，也介绍了提高水工混凝土耐久性及修补加固的新材料、新技术，如HBC低热高抗裂新型大坝混凝土、高抗冻超抗冻混凝土、混凝土抗冻性的定量化设计及施工、柔性全封闭抗冲耐磨技术、大坝保温防渗抗裂技术及防碳化技术等。相信本书的出版，将进一步推动我国水工混凝土及其他工程混凝土耐久性研究及应用的发展。

　　混凝土耐久性的研究和应用是一个复杂的、综合的"系统工程"，本书的研究成果有些尚属起步，错误和不当之处在所难免，敬请读者指正。

著　者

目　录
CONTENTS

第一章　水工混凝土建筑物概述

我国是世界上水电资源最丰富的国家之一，理论蕴藏量为 6.76 亿 kW，可开发的水电资源为 3.78 亿 kW，位于世界之首。到 20 世纪末期，已开发的水电资源为 7 680 万 kW，占可开发总量的 20.3％，还有近 80％的水电资源尚未开发。国家已把"西电东送""南水北调"作为一个战略性目标，大力开发水电资源，我国水电总装机容量超过 3.2 亿 kW。因此可以说，水利水电事业是一个可持续发展的朝阳产业。

中华人民共和国成立以来，我国兴建了众多大坝工程。在高坝工程中，近90％为混凝土坝，因为混凝土坝相对于当地材料坝，具有更可靠的安全性。我国混凝土高坝工程的建设发展很快，20 世纪 50 年代兴建了 100 m 级的高坝，如新安江水电站、广东新丰江水电站、湖南柘溪水电站等；60 年代以刘家峡水电站为代表的混凝土高坝已达 147 m(150 m 级)；70 年代乌江渡水电站大坝高 165 m，龙羊峡水电站大坝(黄河第一坝龙头电站)高 178 m，高坝建设进入了180 m 级；80 年代以二滩水电站为代表，大坝高度已达 240 m(混凝土双曲拱坝)，达到了 250 m 级；90 年代开始设计目前已开始施工的云南小湾水电站拱坝高 292 m；近年来兴建的溪洛渡大坝高 283 m，向家坝高 300 m，锦屏一级大坝高 300 m，我国也因而成为当今世界上的筑坝大国。

大坝工程规模宏大，对我国的国民经济建设、城乡人民用水及防洪度汛等产生巨大的经济效益和社会效益，因此要求大坝工程能有较长的安全运行寿命，即有良好的耐久性。一般认为，高坝工程的安全运行寿命(即满足设计功能要求，安全运行而不大修的使用年限)至少要达 80 年(不修不足以满足设计功能的修补加固工作为大修)。但是，半个多世纪来的实践说明，我国 20 世纪80 年代以前建设的混凝土大坝，由于设计标准偏低、施工质量不良、管理不善等，大坝混凝土过早地出现了老化和病害，不少大坝工程运行不到 30 年就需大修，耗资巨大。有些工程直接威胁到大江大河的防洪度汛安全。因此，积极开展大坝混凝土耐久性的研究和应用，延长混凝土大坝的安全运行寿命，以便充分发挥其巨大的经济和社会效益，已成为我国水利水电事业中迫切需要解决的重大问题。

第一节　水工混凝土建筑物耐久性的调查

为了对我国 20 世纪 80 年代前兴建的水工混凝土建筑物耐久性有较全面的认识，原水电部组织了中国水利水电科学研究院、南京水利水电科学研究院、长江水利科学研究院等 9 个单位，对全国 32 座混凝土高坝和 40 余座钢筋混凝土水闸等水工混凝土建筑物进行了耐久性和老化病害调查，并编写了《全国水工混凝土建筑物耐久性及病害处理调查报告》。

通过调查可以看出，在我国大型水利水电混凝土工程中，由于耐久性不良而出现的病害主要有以下 6 类：

(1)混凝土的裂缝。在调查的 32 座大坝中，均有裂缝问题，而且调查发现，电站厂房钢筋混凝土结构中的裂缝问题令人瞩目，有的已危及安全生产。

(2)渗漏和溶蚀。渗漏问题与裂缝问题同样普遍，在调查的 32 座混凝土大坝中均存在不同程度的渗漏病害，而且由于渗漏，大坝混凝土产生了溶蚀破坏及由此带来的其他病害。

(3)冲磨和空蚀。有 22 个工程存在冲磨和空蚀对混凝土泄流建筑物的破坏，所占比例为 68.7%。

(4)冻融。大型工程的冻融问题主要集中在东北、西北和华北地区的大坝，在 7 个工程中发生，占 21.9%，其中东北地区工程的混凝土冻融最为严重。

(5)混凝土的碳化和钢筋锈蚀。空气中二氧化碳对混凝土的侵蚀，引起钢筋混凝土结构中钢筋锈蚀而产生破坏的工程，在调查中有 13 个，占 40.6%。

(6)水质侵蚀。调查中有 10 个工程存在这种病害，占 31.2%。西北地区的硫酸盐侵蚀，已经造成了一些工程混凝土的破坏，并成为安全运行的潜在威胁。

除以上 6 种病害以外，在大型工程中，混凝土耐久性还存在一些其他问题，如大坝混凝土中的碱活性集料问题、大坝混凝土因强度低而产生风化剥落问题，以及某些混凝土大坝局部顶异常升高问题等。

在调查的 40 余座钢筋混凝土水闸和混凝土坝溢洪道工程中，混凝土耐久性及老化病害问题比大坝工程更为突出。在 40 余座钢筋混凝土闸坝工程中，混凝土的裂缝仍然是主要的病害，发生裂缝的部位主要是闸底板、闸墩、胸墙及各种大梁，存在此类病害的工程，占所调查的中小型工程的 64.3%；混凝土的碳化和氯离子侵蚀造成内部钢筋锈蚀，甚至引起结构物破坏的事例，在中小型工程中较为普遍，占 47.5%；冻融破坏在中小型水利工程中分布的区域较为广泛，不仅在东北、西北、华北地区存在，在华东地区也存在，例如山东、安徽乃至江苏都有发生；其他病害，如冲磨气蚀、渗漏、水质侵蚀等也都存在，分别占 24%、

28.3%和4.3%。

通过调查可以看出，我国已建的水利水电混凝土工程中，无论大型工程或中小型工程，耐久性不良的情况都较为普遍，有的工程病害还较严重，有可能危及大坝安全和正常运行。

为此，必须充分重视水工建筑物混凝土的耐久性问题，并尽快采取有效的修复措施，保证已建工程的安全运行和延长使用寿命，进一步发挥这些工程的经济效益和社会效益。同时，要大力宣传和重视水工建筑物混凝土耐久性的研究工作，采取措施提高在建和新建工程混凝土的耐久性，使水利水电工程发挥其应有的巨大效益。

第二节　水工混凝土建筑物典型病害及其成因

一、裂缝

由于各种因素而引起的混凝土开裂破坏，统称为混凝土的裂缝。裂缝对水工混凝土建筑物的危害程度不一，严重的裂缝不仅危害建筑物的整体性和稳定性，而且会产生大量的漏水、射水，甚至危及建筑物安全运行。而且，裂缝往往会导致其他病害的发生和发展，如渗漏溶蚀、环境水的侵蚀、冻融破坏的扩展及混凝土碳化和钢筋锈蚀等，这些病害与裂缝形成恶性循环，对水工混凝土建筑物的耐久性产生较大的危害。我国不少的水工建筑物就由于存在着严重的裂缝而成为险坝险闸，使水利设施的经济效益和社会效益受到很大的影响，不得不花费大量人力、物力进行加固修复。

在调查的70多座水利工程中，无论是大坝还是水闸、厂房或渡槽，都不同程度地存在着裂缝问题，而且有些工程裂缝还比较严重，已经成为水电站安全生产和水工建筑物安全运行的潜在威胁，应该引起充分重视并尽早采取有关解决措施。

(一)典型工程实例

1. 丹江口水电站

丹江口水电站大坝在施工期间就发现裂缝3 332条。运行后，经两次抽查，共发现裂缝1 152条，其中90%以上是大坝运行后新出现的裂缝。其中，危害性较大的渗水漏浆裂缝和贯穿坝体裂缝就有171条，占总数的14.8%。在丹江口大坝裂缝中，性质比较严重、对安全运行可能带来影响的部位有：

(1)右延坝段。由于设计和施工上的原因，该坝段混凝土本身质量就比较差，裂缝很多，加上坝体内排水管堵塞，裂缝渗漏比较普遍，渗水漏浆缝占全坝危害性裂缝总数的 42.1%。基础廊道内有贯穿裂缝，坝体底部横缝漏水，高程 143～145 m 处还有水平渗水缝，问题较为严重。

(2)1～18 号坝段。该坝段在施工期间就出现了较多的危害性裂缝，虽经处理但仍在发展。2 号坝段高程 123 m 和 3 号坝段高程 110 m 以下，上游防渗板顶部已与坝体脱开。各层廊道内均有裂缝，尤其是高程 131 m 廊道一年四季滴水，廊道下游面也出现渗水缝。

(3)33～35 号坝段。该坝段为大坝左部的拐弯坝段，渗水漏浆、贯穿坝块的裂缝就有 7 条。其中，35 号坝段各层廊道中均有裂缝，且高程 124 m 廊道壁出现了规则的向右倾斜裂缝，并且已经渗水。鉴于该坝段是拐弯坝段，又位于高差很大的岸坡，受力复杂，对这些裂缝要密切注意。

(4)溢流坝段的闸墩。施工期间该部位就出现了贯穿性裂缝，运行期间由于闸门多次启闭，闸墩裂缝又有发展，在高水位和强地震的情况下，可能产生破坏，值得重视。

丹江口水电站除了坝体中裂缝多以外，在发电厂房等钢筋混凝土结构中，裂缝问题也非常突出。如主厂房顶部沥青止水老化脱开，出现裂缝而且混凝土本身也存在很多不规则的裂缝；主厂房内部吊顶混凝土跨中存在许多宽 0.3～0.6 mm 的裂缝；主厂房内发电机周围混凝土地面存在环向和径向裂缝；发电机层牛腿混凝土全部产生剪切裂缝；坝顶公路桥钢筋混凝土也出现垂直裂缝。

2. 葰窝水库

葰窝水库大坝施工期间出现裂缝 350 条，运行后到 2008 年进行详查，查出裂缝 641 条。其中，危害性较大、可能对结构物安全运行构成威胁的裂缝有 104 条，主要分布在以下部位：

(1)4 号坝段。该坝段北侧有 2 条贯穿性裂缝，裂缝从基础一直延伸到溢流面，长达 27 m，水平方向也裂穿整个坝块。

(2)底孔。1973 年前，底孔侧壁虽有些裂缝，但均未成环状。1973 年检查时，则发现除 14、16 号两个底孔外，其余 4 个底孔都在距坝轴线+25 m 左右处产生一条宽 0.1 mm 的环状裂缝。1981 年检查时，位于 8 号坝段的 2 号底孔顶部又增加了一条贯穿性裂缝，10 号坝段的 3 号底孔处原有的裂缝也发展成环状裂缝，1 号、2 号底孔+24.85 m 处也出现环状裂缝，在底板及接近底板的侧墙处裂缝较宽，为 2～3 mm。

(3)廊道。7 号坝段廊道顶拱裂缝宽度逐年增加，由 0.5 mm 增加到 3 mm，缝深从 1974 年的 10～11 m 发展到 2008 年的 14.27 m，基本裂穿坝块。23 号坝段横向廊道在+18.4 m 和+28.2 m 处有两条纵向裂缝较为严重，钻孔压风检查发现，深度已达 17.65 m，距下游面仅 2.35 m，即将裂穿而影响坝体的整体性和抗滑稳定性。

除此以外，大坝上下游面共有 8 条垂直裂缝，11 个闸墩均在扇形钢筋末端产生裂缝。葠窝水库大坝裂缝问题较为严重，受到了各方面的关注。

3. 黄龙滩水电站

黄龙滩水电站是 20 世纪 70 年代兴建的"三边"工程，施工中就出现了 203 条危害性裂缝，致使坝型由原设计的大头坝改为混凝土重力坝，并在上游面修筑了防渗板。

在大坝运行过程中，由于修补材料的粘结变形及抗老化性能较差，许多处理后的裂缝又重新张开，继续发展。而且，大坝上游面许多坝段均出现了新的裂缝。1981 年检查时(上游水位 220 m)，大坝上游面裂缝情况如下：

5 号坝段上游面水上 3 m 处，有一条垂直裂缝并延伸至水下，裂缝性状尚未测定。

6 号坝段升船机牛腿右侧水面附近，有一垂直裂缝并延伸至水下，深度未知，但裂缝处已经漏浆。

7 号坝段闸墩上部，有一条水平裂缝并已冒浆。

8～13 号坝段是溢流坝段，在这些坝段的上游面，自堰顶开始均出现垂直向下的裂缝。8 号坝段跨中 1 条，长约 3 m；9 号坝段跨中附近 2 条，一条长 3 m，另一条水上长 6.65 m 并延伸至水下；10 号坝段跨中一条，水上长 6.15 m 并延伸至水下；11 号坝段跨中附近 2 条，一条长 1 m，另一条水上长约 7 m 并延伸至水下；12 号坝段跨中一条，水上长 6.1 m 并延伸至水下；13 号坝段跨中一条，水上长大于 7 m，并延伸至水下。以上裂缝目测宽度为 1～1.5 mm，深度、长度未测定。另外，溢流坝段堰顶以上胸墙处，在施工期曾发生了 27 条裂缝，当时采用环氧贴橡皮处理。在这次检查中发现，橡皮大部分从粘结面脱开，甚至裂缝已裂穿橡皮，说明环氧贴橡皮仅经 10 年已经老化。

13 号坝段上游左侧逐年抬高，与相邻的 14 号坝段产生了相互挤压，从而在坝顶形成了挤压扭曲裂缝共 17 条。产生这一现象的原因可能是 13 号坝段基础质量差，产生不均匀沉降。

大坝廊道、挑流鼻坎等部位的裂缝也较多，有些已经贯穿。这些裂缝曾采用灌浆处理，但效果不好，几年后重新张开，渗水或冒浆。

黄龙滩水电站除大坝裂缝问题较严重外，在电厂钢筋混凝土结构中也存在着裂缝问题，如主变压器室的牛腿均产生了 450 条左右的剪切裂缝，有的牛腿端部混凝土已经脱落，露出钢筋。牛腿开裂，使架在牛腿上的主变压器室的大梁产生过大的挠曲变形，而在中部产生裂缝，最多一根梁有 6 条裂缝，从而危及主变压器的安全生产，工厂只得在大梁中部用钢管做支撑，但这种单杆支撑稳定性很差，必须采取可靠的加固措施。

由以上可以看出，黄龙滩水电站大坝和电厂的裂缝问题是较为严重的，有的已经成为电站安全运行和安全生产的潜在威胁，应该引起足够的重视。

4. 柘溪水电站

柘溪水电站大坝分溢流坝段和非溢流坝段两部分。溢流坝段为单支墩大头坝，非溢流坝段为宽缝重力坝。大坝分四个阶段施工，施工中水泥强度低、品种杂(20种)，又采用了埋块石、掺烧黏土，最大水灰比达 0.90，冬期施工未采取适当措施，这些因素致使混凝土质量差，在坝面、廊道空腔等处产生许多裂缝。由 1962 年柘溪水电站质量检查报告的统计资料可知，在大坝 61 万 m³ 混凝土中，发现裂缝 426 条，其中贯穿裂缝 4 条、深层裂缝 11 条。有的裂缝出现在大头部位，不但渗水漏浆，而且形成射流，问题十分严重。如 1965 年 8 月，观测人员在 1 号堰 114.5 m 高程廊道检查，发现廊道上下两侧有一条裂缝喷出幕状射水，裂缝的最大宽度为 2.5 mm，漏水量最大为 48 L/s，外观判断该缝已将支堰劈成两半。

这些裂缝出现后，施工或运行管理单位采用了"前堵、后排、适当加固"的方法，使用了耐酸水泥砂浆、环氧砂浆等材料进行修补。但在运行过程中检查发现，有的环氧砂浆脱空，有的裂缝继续向外发展，并多次出现大坝劈头裂缝渗水、射水的险情。如大坝 1 号支墩、2 号支墩先后于 1969 年 6 月 30 日和 1977 年 5 月 16 日发生劈头裂缝漏水，2 号支墩 1983 年 2 月 11 日又发生一次险情，劈头裂缝漏水量由 1.9 L/s 猛增到 13 日的 11.2 L/s。为了确保大坝的安全，根据当时水电部和华中网局检查组的意见，电厂除重新对已发现漏水的裂缝进行处理外，并于 1982—1984 年对空腔内高程 130 m 以下大头后支墩间，用混凝土回填，以增加支墩的稳定性。除此以外，在坝腔内用预应力钢丝束进行锚固，还进行了接缝灌浆等措施。修复费用达 3 025.18 万元。

5. 陈村水电站

陈村水电站于 1958 年 8 月开工，因质量等问题，1962 年缓建，1968 年复工续建，直到 1978 年竣工，前后经历 20 年。大坝在施工期就出现了裂缝，从调查来看，最严重的是下游面 105 m 高程处的水平裂缝，表面最大宽度 15 mm 以上。据南京水利水电科学研究院用超声波检测的结果，裂缝向坝体内延伸 5 m 左右，几乎裂穿大坝主要坝块。

另一条从坝顶向下的纵向裂缝，该缝的深度尚待检查。如果从坝顶向下的纵向裂缝发展到 105 m 高程，则可能与 105 m 高程处的水平裂缝相贯通，或者 105 m 高程处的水平缝继续向上游发展而与上游坝面贯通，均可能将坝体切割分块，破坏大坝的整体性和稳定性，给大坝的正常运行带来危害。

调查中还发现廊道中裂缝也较多，大小缝有 220 多条，廊道内非常潮湿。陈村水电站对已发现的裂缝也进行过处理，如对 105 m 高程的水平缝，在 14～20 号坝段曾用风钻钻孔插锚筋及灌浆进行处理，在 21 号坝段处曾用环氧砂浆进行处理等。但据日后检查，修复效果均不太理想，而且原有裂缝均有发展。

6. 桓仁水电站

桓仁水电站在施工期间就出现许多裂缝，1961—1967 年先后做了五次检查，大小裂缝有 2000 多条，其中仅大头部位的裂缝就有 699 条。垂直裂缝 53 条，其中长度穿过两个浇筑块、在 10 m 以上的有 14 条，长 20～40 m、缝宽大于 0.5 mm 的有 24 条。

大头表面的裂缝，尤其是垂直的劈头缝，对大坝的整体性、抗渗挡水能力均会带来较大的危害，因此在施工中就做了加固处理。从大坝基础至 288.5 m 高程范围内，在上游面做了沥青无胎油毡防渗层，外浇 60 cm 厚的混凝土防渗板；对 1965 年以后浇筑的混凝土，出现裂缝的部位均用环氧贴橡皮方法处理，又在大头背后采用了辅助加固措施。以上的处理取得了较好的效果，但裂缝仍有漏水的情况，需进一步处理。

7. 荆江分洪枢纽工程

荆江分洪枢纽工程是中华人民共和国成立初期修建的一座规模较大的长江分洪控制水利工程，主要建筑物有分洪进口北闸和出口节制南闸。北闸是一座长 1 054 m、共 54 孔的钢筋混凝土结构，北闸底板自上游至下游依次分为防渗板、阻滑板、闸室底板、护坡底板、消力坡底板和消力池底板。目前除防渗板以外，其他部位底板裂缝问题较为严重，情况如下：

(1)闸前 54 孔阻滑底板全部裂穿，裂缝处钢筋锈蚀严重，使阻滑底板已失去防渗和拖阻作用。

(2)阻滑板尺寸为 15 m×19.5 m×0.5 m，混凝土 R_{28}=140 kg/cm^2，建成后不久就出现裂缝，以后裂缝不断发展。一般在阻滑板长、宽方向的中间各出现一条贯穿性裂缝，将板分成 4 块，有的在尺寸较大的一边中间出现两条裂缝，将板分成 6 块。1979 年抽样检查表明：裂缝已将底板裂穿；裂缝处 ϕ12 mm 的主筋锈蚀 1/3，ϕ6 mm 的副筋已经锈断；混凝土质量表面尚可，但下部蜂窝多、质量差。这次检查发现阻滑板裂缝总长度为 4 350.4 m，其中贯穿缝长度为 2 042 m。

(3)闸室底板普遍有裂缝。闸室底板是保证闸身稳定的关键部位，其尺寸为 10 m×19.5 m×1 m(长×宽×厚)，混凝土 R_{28}=140 kg/cm^2。建闸初期检查发现裂缝，1960 年发展较快，目前 54 孔闸室底板均有裂缝。1979 年用超声波检测表明，缝宽为 0.4～1.3 mm，40% 的缝深超过 40 cm，其余在 20 cm 左右，并且裂缝深度在逐年发展。如果底板裂穿，将严重影响闸室的稳定。

(4)北闸 54 孔护坡底板、消力坡底板及闸身两侧上下游边墙都存在裂缝，缝深一般为 3～40 cm。

以上裂缝还有一定的规律性，闸东半部比西半部裂缝多 723 条，这可能与闸东西两半部沉降量不均匀有关。同时，非加固孔的裂缝又比加固孔裂缝多 495

条，主要因为加固孔跨度小，且结构刚度和强度均高于非加固孔。

荆江分洪枢纽工程北闸底板严重裂缝的原因较复杂，据闸管处初步分析，主要有以下几方面：①结构设计欠妥，如底板尺寸过大、自然温差变幅较大（>50 ℃）；②施工质量不均匀，表层混凝土质量好，但表层 10 cm 以下的混凝土质量差；③运行条件改变，管理跟不上，如阻滑板长期暴露未能及时保养，在过大的温差变幅下普遍形成裂缝。

为了保证该闸的安全运行，荆江闸管处曾对阻滑板的裂缝进行了几次修补：①1965 年，曾用沥青玛琋脂对阻滑板的裂缝进行了凿槽修补，槽深 8 cm、宽 8 cm，然后灌沥青玛琋脂。但仅使用 2 年，材料就完全老化，与混凝土脱开，失去修补效果。②1979 年，又用环氧材料对阻滑板裂缝进行修补，先在缝中抹环氧腻子封堵，外层再用环氧基液涂刷。这种修补方式由于环氧材料脆性大，不能适应温度变化，修补后 1～2 天就重新开裂。后改用聚酰胺做固化剂，但仍然开裂。③1980 年、1981 年，又采用弹性聚氨酯对阻滑板进行修补，修补费用为 7 万多元。开始时效果尚可，但一年后问题逐渐暴露，该材料老化迅速，外观由淡黄色变成深黄色或黄褐色，收缩大，聚氨酯本身多处断裂，裂缝宽度有的为 20 mm 以上，而且聚氨酯与混凝土粘结很差，逐年脱开。由以上结果可以看出，阻滑板裂缝问题虽经多年各种方法修补，但仍未能解决问题。

鉴于北闸以上裂缝情况，尤其是闸前 54 孔阻滑板全部裂穿，失去了原有的防渗和拖阻作用，对闸身在运行时的稳定可能产生较大的威胁。同时，闸底板也普遍出现裂缝，并有近一半的裂缝深度超过 40 cm。如果北闸要挡水运行，则以上两种不利因素将联合作用，可能使闸身失稳而冲垮。荆江分洪闸对确保荆江大堤、江汉平原众多人民群众和 110 万亩农田，以及工农业生产的安全防汛起着重要的作用，因此必须给予充分的重视。该工程经水利部决定，已加固重建。

8. 杜家台汉江分洪闸

杜家台汉江分洪闸位于湖北省沔阳县境内，是一座 30 孔的钢筋混凝土结构。该闸的裂缝问题也较为严重。主要分布如下：

(1)闸墩的裂缝。30 孔的闸墩均存在部位基本相同的裂缝，大致可分为以下三类：

①闸墩靠公路桥处的裂缝。此类裂缝从闸墩顶面裂到两个侧面并向下延伸，延伸长度为 2～3 m，有的（如 28、29 号孔闸墩侧面的裂缝）已由顶面延伸到底板附近。这种裂缝在闸墩顶面的平均宽度约 1.3 mm，在两侧的平均宽度约 0.5 mm 且位置对称，很可能已将闸墩裂穿。

②闸墩牛腿处顶面的裂缝。每个闸墩牛腿均在顶面出现 3～5 条裂缝，裂缝宽度在 0.5 mm 以上。有的缝口已经风化，形成喇叭口形状，这种缝也从牛腿顶面向两侧发展，深度为 20～30 cm。

③闸墩牛腿处侧面的裂缝。在闸墩牛腿的侧面，闸门臂杆铰支点附近也发现有 450 条左右的倾斜裂缝，裂缝处已经冒浆。同时有的闸墩，如 21 号孔左墩牛腿的左侧面发现有垂直裂缝，裂缝从排水孔开始，向下延伸达 2 m 多长。

闸墩出现的这些裂缝，闸管所一直未做过详细检查和处理。产生这些裂缝的原因，据湖北省水利厅有关人员分析，可能与混凝土设计强度低(仅为 140 kg/cm²)、施工中还未达到设计要求(仅为 126 kg/cm²)，加之公路桥曾频繁通车，并有许多是超载运行(设计荷载 10 t，但有 24 t 卡车通过)有关。同时，该闸启闭次数较多，在闸门开启过程中，尤其是小开度(小于 0.3 m)运行时，闸门振动较大，从而引起牛腿和闸墩承受动荷载，而这点在设计中未加考虑，这也可能是闸墩产生裂缝的一个原因。

(2)闸室溢流面的裂缝。这次调查中发现在 22、23、25、26、28、30 号孔闸室溢流面处均存在裂缝，这些裂缝大部分渗水冒浆，有的已从堰顶裂到溢流面底部。

(3)闸公路桥大梁和导水墙存在裂缝。

杜家台汉江分洪闸是座运行较频繁的分洪闸，对确保汉江下游的防汛安全起着重要的作用。经水利部研究决定，1986 年进行了大规模的修补加固。

9. 韶山灌区渡槽

韶山灌区建于 1965—1967 年，主要工程包括引水枢纽、总干渠、北干渠、南干渠等，灌溉面积 100 多万亩。调查中发现，该灌区 26 座渡槽及支架(均为混凝土结构)均存在裂缝问题，另外一些隧洞也出现混凝土开裂甚至发生塌顶的事故。据水利局估计，仅此两项修补费用就占整个工程兴建费用的 1/3。

除以上典型工程实例外，水工混凝土建筑物中裂缝问题较为突出的工程还有许多。如河南陆浑水库溢洪道闸墩和泄洪洞、新安江水电站大坝及开关站、古田溪一级水电站大坝、磨子潭水库大坝、梅山水库大坝、湖南镇水电站大坝溢流面和导水墙、富春江水电站和八盘峡水电站机组蜗壳混凝土裂缝等。

(二)裂缝产生的原因

此次调查的工程较多，建筑物的类型、作用、所处的自然环境、施工条件、使用的原材料等因素也各不相同，而混凝土产生裂缝的原因又是多方面的，在此仅就主要原因分析如下：

1. 温度应力过大

在水工混凝土建筑物的裂缝中，尤其是尺寸或体积较大的结构物中，裂缝的产生往往与温度应力过大有关。

(1)设计中未考虑温度应力。一些中小型水利工程中的闸墩、底板等部位，在设计过程中未考虑温度应力问题(包括施工期和运行期可能产生的温度应力)，没有采取必要的结构措施，也未对施工或管理单位提出温度控制措施，致使结构物在施工期或运行过程中出现了裂缝。如河南陆浑水库溢洪道闸墩、北京永定河和小清河闸闸墩施工期就出现裂缝，荆江分洪北闸阻滑板在运行期由于保养不良而引起裂缝等。

（2）温控措施不严而产生裂缝。大部分大坝在混凝土施工中，设计上虽提出了温控指标，但施工中不能很好控制，如入仓温度过高、浇筑块表面保温不够、间歇时间过长、相邻浇筑块高差太大等均会使坝体混凝土产生裂缝。如蓓窝水库大坝设计允许基础部位混凝土的最高温度不超过 32 ℃，而实际施工时，基础混凝土最高温升达 45 ℃，远远超过设计要求，从而使大坝产生较多的裂缝。再如，桓仁水电站地处高寒地带，冬期施工又遇寒潮，施工中保温养护措施跟不上，引起较大的温度应力，使坝体产生较多裂缝。

2. 混凝土强度低、均匀性差

混凝土强度低、均匀性差，是产生裂缝的内在原因。

由于设计或施工不良等原因，建筑物混凝土强度较低或均匀性差，则此种混凝土的抗裂性就较低，往往容易引起裂缝。如在柘溪水电站大坝施工中，质量控制不严，混凝土水灰比最大达 0.90，水泥强度低、品种杂，又不适当地压低水泥用量（最少仅 97 kg/m³），并掺用活性很低的烧黏土，从而使混凝土强度较低，在大坝迎水面 126 m 高程以下，达到设计要求的仅 65.6%，这些成为柘溪大坝产生裂缝的内在原因。在桓仁水电站大坝施工中，混凝土质量均匀性差也是引起桓仁大坝产生较多裂缝的一个原因。

3. 基础问题

在一些水电站的大坝施工时，前期工作做得不够，有的甚至是边勘察、边设计、边施工，坝基勘察不明，施工中软弱破碎夹层未能很好处理。大坝浇筑以后，产生不均匀沉降，造成坝体裂缝。如陈村水电站、黄龙滩水电站等，均由于基础处理不妥而引起坝体出现严重裂缝。

4. 结构布置不妥而引起裂缝

调查中发现，八盘峡、富春江等几个水电站蜗壳混凝土往往产生较多的裂缝，这些裂缝的产生可能与结构设计有关。再如，凤滩水电站大坝 107 m 高程廊道，设计时将底板和顶拱、侧壁分开浇筑，底板以一次浇筑，而底板又以顶拱中心线分作左右两块分别浇筑，由于底板混凝土的收缩，从而将上部顶拱拉裂。

5. 地震或其他原因引起混凝土结构的裂缝

新丰江水电站大坝，地震后在右岸 14～17 号墩 108.5 m 高程处，产生一条长 80 m 贯穿上下游的裂缝。裂缝产生的主要原因是地震应力，据分析，也与坝体在此处的断面形状产生突变有关。另外，河北省唐山地区一些钢筋混凝土闸，由于唐山大地震而产生许多裂缝。如润河防潮闸在 1976 年地震后，各孔胸墙均产生裂缝，缝宽最大 5 mm。又如丰南县（现丰南区）的西排干防潮闸，地震使上游护坦、下游消力池、两岸护坡等均产生了严重裂缝、隆起和破碎，胸墙也有严重裂缝，最大缝宽达 3 mm。

二、渗漏和溶蚀

水工混凝土建筑物的渗漏和溶蚀是一个较为普遍的病害，调查的 32 座大坝工程中均程度不同地存在渗漏和溶蚀，发生概率为 100%。而且其中有些渗漏和溶蚀较为严重，已成为工程安全运行的威胁。如丰满、云峰、柘溪等水电站和陆浑、梅山等水库，有的工程虽做了多次处理，但隐患仍未完全消除。

(一)典型工程实例

1. 丰满水电站

丰满水电站大坝在建设过程中，由多种原因造成混凝土质量很差，自蓄水后就发生了较大的渗漏。中华人民共和国成立初期，经测量坝体漏水量达 273 L/s（254～255 m 高程），下游面多处射水，渗水射水面积达 24 947 m^2，是国内渗漏面最大、渗漏量最多的一个大坝。

自 1974 年以来，丰满发电厂对坝体中溶出物的成分，逐年进行了化学分析，发现坝体和帷幕渗漏出的水中带有大量的钙离子，由 1974 年到 1984 年平均每年坝体中溶出的总离子量(主要是钙)达 9.004 t，帷幕溶出的总离子量为 6.484 t，平均大坝总溶出量达 15.489 t。由于大坝渗漏与溶蚀情况较为严重，因此该电站自中华人民共和国成立以来就对大坝进行了多次灌浆加固处理，自 1950 年到 1978 年灌浆总钻孔数达 2 996 个，总钻孔长度达 48 434 m，总水泥用量达 3 297.33 t。

通过多年的灌浆加固，坝体的渗漏量逐年降低。到目前为止，坝体渗漏量已下降到 0.54 L/s，坝体下游面的渗水面积也减少到 1 500 m^2，坝体的渗漏问题得到了一定的控制。但是由于坝体经多年大量渗漏，混凝土中钙离子大量流失，已经使大坝混凝土无论是外部或内部，均遭到了明显的溶蚀破坏，留下了较大的隐患。

2. 云峰水电站

云峰水电站大坝的渗漏与溶蚀问题较为严重。1965 年 5 月，大坝蓄水至正常蓄水位时，总漏水量达 16.7 L/s。据 1974 年不完全调查，坝体有 70 多处漏水，较严重的有 3、6、16、17、25、26 及 53 号坝段，漏水部位有水平缝、温度缝和蜂窝、狗洞等处。如 26 号坝段宽缝中部，局部从顶上漏水，如降中雨。不少坝段有漏水痕迹，坝内廊道排水孔有些漏水量很大，形成射流，达 1.67 L/s。另外，据云峰发电厂的水质分析结果，在 207 个库水水样中，暂时硬度小于 0.7 mg/L 的有 27 个，占总水样数的 13%，说明库水硬度较低。同时，库水的 pH 经测定为 6～7，而对坝体渗漏出的水样分析，其 pH 为 11 左右，由此说明，渗漏水已对坝体混凝土产生了明显的溶蚀作用。在调查中可看到，廊道中有大片白色溶出物和溶出层。

3. 柘溪水电站

柘溪水电站大坝的渗漏和溶蚀问题，主要由坝体严重裂缝造成。柘溪大坝于1961年2月开始蓄水，1967年按正常蓄水位(高程167.5 m)调节运行。1965年发现1号墩在114.5 m高程处出现劈头缝，缝宽2.5 mm并已贯穿，形成幕状射水，最大渗漏量达48 L/s。1971年，又在2号墩发现劈头缝，并有严重渗漏。以后在大头部位还出现了水平缝并严重漏水，为此柘溪大坝成为险坝。

4. 陆浑水库输水洞

陆浑水库输水洞洞径为3.5 m，长为310 m，衬砌混凝土强度为170 kg/cm²。由于采用的混凝土强度等级较低，施工质量又差，浇筑后与周围岩体没能进行很好的固结灌浆，因此整个洞身混凝土都出现渗水现象。特别是全洞32道伸缩缝的止水片都已腐蚀损坏，全部漏水。在运行时，发现在20 m水压时，在山坡上就几处向外冒水，渗漏严重。为此，1985年下半年对输水洞进行加固处理，32道施工缝全部用环氧砂浆进行修补，环氧砂浆表面再贴玻璃丝布。但是，由于洞壁混凝土质量差，施工缝处渗水较多，环氧砂浆不易在渗水表面粘结，因此经修复后，施工缝处仍有少量漏水现象。

5. 梅山水库

梅山水库大坝是钢筋混凝土连拱坝，建于1954年，于1956年竣工，由于设计和施工要求较严，大坝混凝土质量较好。1962年11月6日，当上游水位达高程124.89 m时，由于坝基左岸坡度过陡，基岩节理发育，在与水流正交方向有断层，以及结构布置、基础处理、帷幕灌浆、固结灌浆等方面存在缺陷，致使洪水来时使基岩产生滑动，破坏了原有的防渗帷幕，左岸山坡坝基突然大量漏水，最大漏水量达70 L/s，是国内由于基础不良而出现渗漏水最多的一个坝。同时，右岸各坝垛顶均向右倾斜，基础沉陷有所加大，使坝垛拱结构陆续出现裂缝，坝基也有错动张裂现象，致使不得不放空水库，进行全面的加固处理。经处理后，该水库大坝经受了高程133.25 m蓄水位的考验，证明加固处理质量良好。

(二)渗漏和溶蚀的危害

水工混凝土建筑物(闸、坝)的主要任务是挡水，因此，一旦产生渗漏就会从根本上削弱挡水建筑物的主要功能。大量的渗漏水不但会使水利效益受到影响，更重要的是将会对水工混凝土建筑物本身产生破坏，甚至影响建筑物的稳定和安全运行。

1. 渗漏使大坝混凝土产生溶蚀

溶蚀，即渗漏水对混凝土产生溶出性侵蚀。众所周知，在混凝土中形成胶结作用的，主要是水泥的水化产物，如水化硅酸钙、水化铝酸钙、水化铁铝酸钙及氢氧化钙，而足够的氢氧化钙又是其他水化产物凝聚、结晶和稳定的保证。但是，在这些水化产物中，氢氧化钙在水中的溶解度较高，因此在正常情况下，混凝土的毛细孔中均存在着饱和的氢氧化钙溶液。而一旦大坝混凝土产生渗漏，渗漏水就可能把混凝土中的氢氧化钙溶出带走，在混凝土外部形成白色碳酸钙结晶。这样就破坏了水泥其他水化产物稳定存在的平衡条件，从而引起水化产物的分解，造成混凝土性能的削弱。据苏联的资料，当混凝土中总的氢氧化钙含量（以氧化钙量计算）被溶出 25％时，混凝土的抗压强度要下降 50％；而当溶出量超过 33％时，混凝土将要完全失去强度而松散破坏。由此可见，渗漏使混凝土产生溶蚀，将对混凝土造成严重的后果。

2. 渗漏引起并加速其他病害

渗漏会引起并加速其他病害的发生和发展，因而进一步破坏水工混凝土的耐久性。

当环境水本身对混凝土有侵蚀作用时，由于渗漏促使了环境水侵蚀向混凝土内部的发展，从而加速了破坏的深度和广度；在寒冷地区，由于渗漏，混凝土的含水量增大，促进了混凝土的冰冻破坏；对水工钢筋混凝土结构物，渗漏还会加速钢筋的锈蚀等。而且这些病害会与渗漏形成连锁反应和恶性循环，从而使水工混凝土的耐久性受到严重的影响。

(三)渗漏的规律及产生的原因

从上述各类水工混凝土建筑物渗漏的情况，可以归纳出以下的规律和产生渗漏的原因：

(1)凡挡水的混凝土建筑物，大都存在渗漏的现象，而且渗漏均会造成混凝土中氢氧化钙的溶出性侵蚀，从而在混凝土外部形成白色或带其他颜色的钙质结晶物质。

(2)挡水建筑物渗漏量的大小，往往与水位升降、水压大小有关。当水位低、水压小时，可以暂时停止渗漏。

(3)裂缝尤其是贯穿性裂缝，是产生渗漏的主要原因，而漏水程度又与裂缝的性状(宽度、深度、分布)及温度、干湿循环等有关系。冬季温度低，裂缝宽度大，在同样水位下渗漏量就大。

(4)建筑物混凝土施工质量差、密实程度低，甚至出现蜂窝、狗洞，从而引起水在混凝土中的渗漏，也是大坝普遍出现渗漏的原因。

(5)止水结构失效是引起挡水建筑物渗漏的重要原因之一。如沥青止水井混入水泥浆、止水片材料性能不佳(如易腐蚀的镀锌薄钢板)、施工工艺不当等，均会引起渗漏。

(6)基础帷幕破坏是引起基础渗漏的主要原因。如帷幕灌浆施工中达不到设计要求，运行中帷幕受环境水的侵蚀而破坏，基础处理不善、基岩出现不均匀沉降从而使帷幕失效等，均是引起基础渗漏的原因。

三、冻融

冻融是指水工建筑物已硬化的混凝土在浸水饱和或潮湿状态下，由于温度正负交替变化(气温或水位升降)，混凝土内部孔隙水形成冻结膨胀压、渗透压及水中盐类的结晶压等，产生疲劳应力，造成混凝土由表及里逐渐剥蚀的一种破坏现象。它是水工混凝土建筑物的一种老化特征和主要病害之一。

调查表明，有 22% 的大坝和 21% 的中小型水工建筑物，存在着程度不同的混凝土冻融现象。大坝混凝土的冻融主要集中在东北、华北和西北地区，而中小型水工混凝土建筑物的冻融问题，不仅在"三北"地区存在，而且在气候比较温和但冬季仍然出现冰冻的华东、华中地区的山东、安徽、江苏、湖北等地，也广泛存在着。

(一)典型工程实例

1. 丰满水电站

位于吉林省的丰满水电站，于 1937 年开始兴建，1943 年蓄水。坝区气候寒冷，多年平均气温 5.4 ℃，结冰期长达五个半月，极限最低气温为 −39 ℃，一年内气温通过 0 ℃的正负交替次数达 80 余次，自然条件对混凝土的抗老化运行极为不利。

丰满大坝 89% 的混凝土是日伪时期浇筑的，混凝土质量异常低劣，自建成以来，屡遭冻融破坏。全坝以三条纵缝分为 A、B、C、D 四个坝段，1944—1949 年，冬季水位经常变化为 245～248 m 高程，上游 A 坝块有严重蜂窝、狗洞的混凝土被冻融成砂石堆积体，可用手掰掉。由于坝体漏水严重，下游面大面积受冻疏松，个别部位疏松深度为 2 m 左右。上游面 245 m 高程以上许多部位出现露石露筋，冻融严重，据 1950 年检测结果，这样的破坏面积已有 460 m²，当时仅运行 5～7 年。上游面 245 m 高程以下混凝土冬季露出水面机会少，破坏轻微。下游面冻融比较普遍，1953 年就修补了 3 211 m²。丰满发电厂曾分别于 1956 年、1961 年、1962 年、1963 年、1965 年、1967 年进行多次检测，发现混凝土冻融面积逐年发展，破坏范围逐渐扩大，许多坝段的下游面、上游面冻融连片，出现一片一片露砂、露石或者露筋的现象，表层的卵石用手一掰就掉，破坏深度一般为 20～40 cm，个别部位 60～80 cm，也有深 1～2 m 的疏松坑，目测下游坝面这样的破坏面积占 50% 左右。为此，丰满发电厂也多次进行检修，据不完全统计，1951—1974 年总计修补的破坏面积：上游面为 8 959 m²，下游面为 8 097 m²，溢流面和护坦各浇筑了 7 703 m³ 和 22 382 m³ 的混凝土，1974 年以后小修并未间断。在调查中看到，大坝未经检修过的上、下游面部位也已产生相当严重的冻融，几乎在每个重力坝段下游面都存在，破坏深度和露砂、露石情况与修补过的部位相同。

近些年来，在坝体顶面以下较深部位，发现较多的裂缝和破碎带，被水浸泡后在冬季冻结膨胀，致使坝的垂直变位逐年上升，出现了坝顶抬高现象，对大坝有很大威胁。

除此而外，丰满水电站大坝尾水部位冻融也很严重。尾水闸门平台运行 5 年后已普遍掉皮露筋，矩形断面的平台下游梁棱角冻掉近 20 cm，变成椭圆形，30 余年只修过一次。尾水位附近的厂房水泵室，其下游墙面承受尾水涨落的冻融作用，由于反复受力、温度变形、冻融等影响，裂缝漏水甚至结冻，经多次修补，在墙内外加钢筋混凝土，但仍未解决问题。尾水挡土墙、闸墩、桥墩等也都存在混凝土冻融现象。

丰满水电站大坝混凝土的冻融与混凝土的质量密切相关。浇筑混凝土所使用的水泥，1943 年以前为吉林哈达湾水泥厂（日伪时期的大同洋灰公司）出产的300～500 号普通水泥和本溪水泥厂生产的 300 号、500 号普通水泥，大多为 400 号，强度很不稳定；1949—1952 年则用小屯普通 400 号、本溪普通 400 号、哈尔滨普通 400 号等水泥，牌号较杂，水泥的含碱量为 0.95％～1.57％，偏大。集料主要采用中岛、大长屯、大屯三料场的天然砂砾石，砾石中含有流纹岩、安山岩、凝灰岩、闪长玢岩等活性颗粒较多。从当时施工期间采用的几个混凝土配合比中可以看出，混凝土单位用水量多、水灰比大、强度低，R_{28} 多数不超过100 kg/cm²。特别是 1942 年以后，处于日本战败前夕，施工质量很差，水泥强度降低，水灰比大，粒径 5～40 mm 的集料也不分级，控制不严，坍落度增大到十几厘米，造成混凝土泌水及离析。未及时平仓振捣，因此集料堆积，混凝土不密实，致使混凝土质量低劣，R_{28} 一般只有 50 kg/cm²。1963 年、1964 年曾采用去掉表面风化层、凿取试件的办法进行坝体混凝土强度检验，结果表明凿件混凝土抗压强度很低，进一步证明了坝体混凝土质量确实很差。

丰满发电厂对大坝冻融部位的混凝土进行了大量修补工作。结合1951—1953年的续建，修补了早期破坏的部位，其后长期采用预压粗集料混凝土、压浆混凝土、真空作业混凝土、喷混凝土等方法对新出现的破坏部位进行修补，粗略统计耗资近千万元，基本维护了大坝的正常运行，没有给发电带来更大的影响。

总之，多年来虽然丰满发电厂做了大量维修工作，但新的未检修部位的冻融仍不断出现。因冻融呈现老化状态的丰满大坝，其老化趋势尚未完全扭转，有待研究进一步的加固处理方案。

2. 云峰水电站

位于吉林省鸭绿江中游的云峰水电站是中朝两国合建的水电工程，大坝由朝方设计并施工。坝区气候很寒冷，历史最低气温曾达−41 ℃，年内月平均最低气温为−13.6 ℃，年气温通过 0 ℃的正负交替次数为 74 次左右。大坝迎水面西北向，背水面东南向，处于山区盆地，冬季有相当的天数里背水面上的积雪中午才能够融化，这就增加了冻融循环次数。

云峰电站大坝的冻融也比较严重，该坝是 1966 年投入运行的，到 1975 年运行不到 10 年就发现整个溢流段共 21 孔的溢流面混凝土普遍存在冻融。到 1981 年检测时，破坏范围面积更大（约 9 000 m²），表层混凝土普遍存在层状剥落、砂石外露、疏松露筋现象。破坏面积占溢流面总面积的 50.6%，破坏深度 10 cm 以下的面积为 1 597 m²，占 47.7%，破坏深度为 10 ～ 20 cm 的面积为 888 m²，占 2.65%，破坏深度 20 cm 以上的面积为 71 m²，占 0.3%，个别部位破坏深度为 40～50 cm。

云峰水电站大坝挡水坝段冻融也很严重，下游面均出现大面积的露砂、露石，局部已经杂草丛生，目测其破坏深度为 5～10 cm，外观和溢流面相似。

大坝下游面混凝土设计抗冻、抗渗指标为 F150、W4，是比较低的，且实际未达到。使用的水泥为朝鲜 200 号普通水泥（软练标号，相当于我国原硬练的 380～400 kg/cm²），强度不够稳定，抽样检查试验有时高达 300 kg/cm²，有时低至 143 kg/cm²。集料为土套和烟浦两料场的天然砂砾石，砂子细度模数为 2.09，偏细，混凝土中未掺外加剂。根据施工资料记载，大坝混凝土中主要存在以下问题：

（1）水泥强度不稳定，砂子偏细，5～40 mm 的砾石不分级，集料超径较大。

（2）水灰比不稳定，引起坍落度波动较大。施工中要求控制坍落度冬季为 2～4 cm，夏季为 4～6 cm。实际浇筑的混凝土干稀不均，时稀时干，稀者可自流，干则堆积 1 m 多高，产生分离。夏期施工无防雨措施，小雨时冒雨施工，水泥浆被雨水带走或出现积水坑，雨后不加处理，继续浇筑。

（3）振捣不密实、漏振或不振情况严重。

（4）溢流面有 22.3%的面积采用真空作业法施工，但未达到要求的真空度，失去真空作业的效果。

（5）冬期施工无保温加热措施，使混凝土早期受冻，破坏了混凝土结构的完整性，降低了混凝土的耐久性。

综上所述，云峰水电站大坝混凝土的质量较差，因此坝面大面积遭受冻融剥蚀破坏。关于溢流面的修补问题，云峰发电厂委托东北勘测设计院做了坝面补强设计。该设计规定，将表层已破坏的混凝土全部挖掉，开挖深度 50 cm，开挖老混凝土 2 万 m³，回填新浇混凝土 2 万 m³，概算投资 2000 余万元。

3. 桓仁水电站

桓仁水电站位于辽宁省浑江中游，大坝分 1958—1961 年与 1965—1972 年两期施工。坝区气候寒冷，一年内日最低气温低于 0 ℃的天数为 140 d 左右，最低日平均气温为－15.3 ℃，气温通过 0 ℃的正负交替变化次数为 86 次左右。

桓仁大坝已经出现了冻融，但总体看来并不严重。尤其是经过真空作业的溢流面，至今尚未发现明显的冻融。存在冻融的部位有：

(1)左右重力坝下游靠山坡处易积雪和渗水，冻融露石现象较普遍。支墩下游面干燥处情况良好，但施工时水管漏水部位可见一溜掉皮露石现象。坝顶 20 cm 厚的路面层混凝土也有起鼓现象。

(2)上游面沥青防渗层外厚 60 cm 的混凝土保护板，原设计在死水位 290 m 高程以下，未考虑抗冻要求。实际运行中，冬季露出水面，在水位变化区出现一条深 5～110 cm 的水平蚀沟，出现条带状露砂、露石现象。

(3)发电厂尾水闸墩及侧墙水位变化区产生明显的脱皮、露石、露筋现象，剥蚀最深的为 10 cm 左右，目测破坏面积占闸墩及侧墙总面积的 20%左右，侧墙向阳面、背阳面破坏严重。

桓仁大坝前期施工，使用水泥的厂家、品种和强度等级都比较杂。为了解决水泥供应的缺口，当时掺用了烧黏土、烧白土等大量的活性不高的混合材料，掺量为 20%～30%，导致混凝土强度低、均匀性差，产生不少问题。1959 年与 1961 年浇筑约 40 万 m³ 混凝土，R_{28} 合格率为 78%；1960 年浇筑约 32 万 m³ 混凝土，R_{28} 合格率仅为 38%。有的低强混凝土，R_{28} 只有 30～50 kg/cm²。

桓仁大坝后期施工质量良好，上下游水位变化区抗冻等级一般为 F150，用本溪 500 号矿渣水泥或硅酸盐水泥，水灰比在 0.43 左右，掺塑化剂。下游面抗冻等级一般为 F100，水灰比为 0.5～0.55。抗冻检验保证率不够，但因支墩坝下面干燥向阳，所以冻融并不严重。

4. 葠窝水库

葠窝水库位于东北地区辽宁省东部太子河上，主体工程于 1970 年 11 月 18 日开工，1972 年 11 月 1 日基本建成，速度是比较快的。坝区多年月平均最低气温在－14.1 ℃左右，每年气温通过 0 ℃的正负交替变化次数为 90 次左右，气候寒冷。

大坝经多年运行，溢流面混凝土冻融剥蚀情况比较严重，集料外露，呈麻面状态，有的露石剥蚀较深，强度较低，用镐或钢钎即可轻易凿动。1981 年进行裂缝检查时，在溢流面 71.0 m 高程处打孔也发现表层混凝土极易松软进尺。初步分析，溢流面混凝土产生冻融的主要原因是：①混凝土质量较差，未达设计要求标准，合格率仅为 61.6%；②混凝土施工时，仅直线段架立模板，上部曲线段未架立模板，由人工涂抹而成，这样表面势必振捣较差，很难保证表面混凝土的密实性；③一般混凝土的抗冻性主要靠小水灰比、振捣密实和掺引气剂，而葠窝大坝混凝土水灰比大于 0.55 且没有掺用引气剂，振捣又不密实，因此溢流面混凝土连 F100 的较低抗冻等级也未达到。另外，该坝由于弧形门漏水，使得冻融次数增多，再加上地区负温较低、冻胀作用加剧等，也加速了溢流面混凝土的冻融。

据现有冻融情况分析估计，宣泄较大洪水时，有可能产生部分或大部分的冲刷破坏，所以对溢流面混凝土进行适当修补处理是十分必要的。

5. 北京地区诸工程

（1）珠窝水电站。该电站于 1960 年建成，调查时发现大坝上游在水位变化区附近的混凝土普遍有不同程度的冻融剥落，尤以溢流段闸墩及左岸值班室下面的混凝土柱剥落最为严重，有很大一部分已经露出石子，破坏深度一般为 4~6 cm。非溢流坝段冻融较轻些，一般是表面掉皮露砂，个别处露出小石子，破坏深度在 0.5 cm 以下。溢流坝段闸门后边的溢流面混凝土普遍有冻融剥落，大部分露砂，个别处有石子露出。

另外，珠窝水电站水渠公路桥桥墩冻融剥落也很严重，部分石子脱落，深度约 5 cm。露天调压井 348~349 m 高程附近，混凝土表面冻融剥落，有石子露出，起支撑作用的 4 根混凝土梁已因剥落失去棱角，表面呈弧形，尤其是上面两根更为严重。

北京地区也是比较冷的，一年内气温通过 0 ℃ 的正负变化次数为 126 次左右。

珠窝水电站大坝混凝土施工中存在的问题有：

①集料含泥量大。在 140 次取样试验中，集料含泥量超过规范允许值的有 82 次，占 58.6%，细集料最大含泥量达 8.2%，粗集料最大含泥量达 15.9%。这就相当于掺用惰性掺合料，必然不利于抗冻。

②浇筑时石料不足，曾取用隧洞弃渣代替。

③振捣不密实现象较普遍，漏振很多。

④上游面水位变化区附近混凝土于 1960 年 6 月浇筑，溢流面于 1960 年 5 月浇筑，气温高，水分蒸发较多，洒水不均，次数不够，养护不好，出现早期干裂现象。

⑤有部分混凝土达不到要求的强度。其他部位如桥墩、调压井，也存在与大坝相类似的情况，施工质量比较差，混凝土质量也不高。

（2）下苇甸水电站。鉴于珠窝水电站的经验教训，设计单位一开始就将下苇甸大坝上游面水位变化区混凝土的抗冻强度等级从 F50 提高到 F100。施工单位为提高混凝土抗冻性，使用了 500 号普通水泥，并掺用了塑化剂。下苇甸大坝冻融似乎较下马岭轻些，但也存在不少问题。冻融的主要部位是溢流坝段上游面水位变化区的闸墩，9 号坝段右边墩及 7 号坝段右边墩均有掉皮剥落、表面露砂情况。第一坝段溢流面闸门封闭较严，表面没有水流，混凝土基本完好，没有冻融。其余各坝段溢流面均有不同程度的表面掉皮剥落、露砂，个别处露石的情况，尤以7、9、10、11、12号五个坝段最为严重。坝后消能底坎的部分地段也有轻微的冻融。引水隧洞进水口北边墙，设计没有提出抗冻要求，抗压强度也只有150 kg/cm²。施工时使用400号矿渣水泥，掺塑化剂，水灰比为0.6～0.65，而在运行中受频繁库水位变化的影响，混凝土表面掉皮剥落、露砂，部分地段露石。

6. 黄壁庄水库

黄壁庄水库位于河北省滹沱河中游，主体工程为水中填土均质土坝，溢洪道为混凝土建筑物，于1961年基本建成。库区附近不算太冷，历年最低气温为－26.5 ℃，月平均最低气温为－3 ℃左右，每年气温通过0 ℃的正负交替变化次数为60～70次。

在投入运行的第5年即1966年5月，检查时发现黄壁庄水库溢洪道混凝土冻融，在陡槽段1+060 m～1+420 m，由于闸门漏水，每年冬季在表面都有大面积的冻融循环，混凝土抗冻性不好加之泄洪冲刷，造成表层剥蚀，大面积露出石子。

在1985年调查中发现，溢洪道混凝土冻融的情况远比1966年时严重，破坏的范围更广，破坏的面积更大。整个泄槽底板几乎100%产生冻融剥蚀，普遍露石，一般破坏深度为5～10 cm，表面出现一层疏松土石层。除了泄槽底板，还存在溢洪堰前闸墩水位变化区混凝土的冻融。

黄壁庄水库溢洪道混凝土有相当一部分是在冬天或低温季节浇筑的，采用热水拌合、人工振捣、暖棚蒸汽养护，并掺2%的氯化钙。这些措施如果控制不好，达不到预期效果，都对混凝土的抗冻性不利。另外，使用的水泥品种、强度等级比较杂、使用大量的400号火山灰水泥、使用0.65～0.70的大水灰比等，是造成混凝土抗冻性差、冻融的原因。

7. 盐锅峡水电站

盐锅峡水电站位于我国西北甘肃省永清县，是黄河干流上的一座水电站。该地区冬季较长，年最低平均气温为－5.2 ℃，气候寒冷。

盐锅峡水电站建成较早，在上游刘家峡水电站未建成之前，河道及坝前库水冬季结冰封冻（刘家峡水电站建成后，无封冻）。施工中采用350号、400号矿渣水泥，350号、400号混合水泥，250号粉煤灰水泥，1965年进行挡水坝加高时采用500号普通水泥。水泥品种强度等级杂、质量低，又没掺外加剂，施工质量也不高，因此在大坝混凝土中存在着冻融的问题。如大坝上游进水口闸墩水位变化区的混凝土，由于遭受冻融而表面砂浆剥落，露出石子。

大坝溢流面混凝土由于闸门密封不好，经常漏水。加之该部日照短，气温较低，冬季经常形成冰冻，因此使溢流面混凝土遭到了冻融破坏，表面砂浆剥落，露出石子。

另外，发电厂尾水部位的混凝土也存在冻融现象。该电站出现混凝土冻融的根本原因是混凝土质量差，没有掺引气剂。

8. 山东省鲁北地区的水工混凝土建筑物

鲁北地区有冰冻，每年负温度时间比较长，为 120 d 左右，历年最低负温在 $-20\ ℃$ 以下，每年气温通过 0℃ 的正负交替变化次数为 90 次左右，对混凝土有很大的冻害威胁。

过去由于对水工钢筋混凝土的耐久性缺乏实践认识，对混凝土性能的要求只注意到抗压强度和抗渗性能，对现浇混凝土的强度要求一般为 $R_{28}140$ 或 $R_{28}170$，抗渗性一般要求 W4 或 W6，而对抗冻性只要求达到 F50，在施工中一般也未掺用引气剂或减水剂等外加剂，因此鲁北地区水工建筑物的混凝土也存在许多冻融问题。

山东省水利厅建筑安装总队还调查了鲁北地区胡道口等其他几座闸，其中有的也存在不同程度的冻融剥蚀情况。

9. 万福闸

万福闸位于江苏省扬州市郊，是一座 65 孔的大型钢筋混凝土闸，兴建于 1960 年，设计的混凝土标号为 140 号，无抗冻性要求（月平均最低气温 $-1\ ℃$）。由于当时原材料紧缺，掺用了劣质的原状粉煤灰，施工中进行强度检查，发现有 80% 的混凝土未达到要求的设计强度。

由于对混凝土技术指标要求低，混凝土质量差，因此该闸运行两年以后就出现了闸墩混凝土的冻融剥蚀，并且冻融剥蚀逐年加深，范围逐渐扩大，最大剥蚀深度达 10 cm。

(二)冻融产生的原因

研究混凝土冻融的原因很重要，只有充分了解引起混凝土冻融的原因，才能正确地选择混凝土的抗冻措施和抗冻性指标。总结以前的试验结果，并结合调查的资料加以分析，初步认为引起混凝土冻融的主要原因有：

1. 水、负温和冻融循环

众所周知，有了负温和水才能产生冰冻现象。在负温条件下混凝土内部空隙水冻结，在正温条件下混凝土空隙水融化，一冻一融，反复循环造成疲劳应力，使混凝土遭受到破坏。形成冻融有两种情况：一种是气温的正负变化，特别是日光辐射使混凝土表面产生温度正负交替；另一种是冬季水位涨落，使混凝土表面出现冻融。冻融循环次数越多、越频繁，使混凝土失去再生能力的恢复期越短，则混凝土的冻融越严重。温度越低，混凝土冻结深度越大，混凝土的冻融越严重。当然，负温和冻融循环次数两者比较起来，影响较大的是后者，这是很容易理解的。因为虽然负温很低，但冻了再不融化或很少融化，破坏作用的次数就减少了，所以危害相对减轻；反之，若冻融循环次数多，则破坏加重，这就是我国南方一些地区天气并不太冷，而混凝土冻融却屡屡出现的主要原因之一。像黄壁庄水库和万福闸，它们所在地区的最冷月平均气温分别为－3 ℃和－1 ℃左右，但冻融循环次数在 70～90，因而其溢洪道和闸墩等部位的混凝土冻融也很严重。然而，这并不意味气候越温和冻融越严重，只是说明在那些天气不太冷、有冰冻、循环次数又较多的地区，冻融也能够出现，并且已经存在。

2. 混凝土含水量大

根据美国学者 T.C. 鲍尔斯的研究，水结冰产生的膨胀体积大小与孔隙体积、饱和度、成冰率有关，并给出公式：

$$U_d = 0.09SUM$$

式中　U_d——毛细管水的过剩体积（膨胀体积）；

　　　S——饱和度；

　　　U——毛细管的孔隙体积；

　　　M——成冰率。

由上式可见，水完全结冰可产生 9% 的体积膨胀，使混凝土遭受很大的内部破坏力。所以混凝土的干湿程度、饱和状况对混凝土的冻融影响很大。

在调查中看到，干燥的、水源补给不充分、受水浸润机会少、不易接触水部位的混凝土，受冻害很少，冻融没有或者有也比较轻微。而那些潮湿的、易受水浸泡、水源补给充分的水位变化区和其他漏水部位的混凝土，受冻害较多，冻融严重。

水是造成冻融的一个重要因素。避免水分渗入混凝土、减少水对混凝土的浸泡时间和次数，尽量使混凝土处于干燥状态运行，将减少冻融，延长工程的使用寿命。

3. 施工质量差

施工质量对混凝土抗冻性起着决定性的影响。许多在室内试验具有一定抗冻能力的混凝土，现场施工却常常满足不了要求，合格率降低，施工质量越差，问题越严重。例如，丰满水电站 1942 年以后施工非常草率，大坝混凝土不密实、蜂窝麻面多，伸缩缝等处漏水，因此破坏也就比较严重。通过调查得知，凡产生冻融的工程，在施工上也都某种程度地存在与丰满水电站相类似的问题，概括原因如下：

（1）水泥品种强度等级混杂，品种选择不当。有些工程因当时施工材料紧缺，为了赶施工进度，忽略抗冻性，什么水泥都用，如许多工程使用了 300 号或 400 号矿渣及火山灰水泥。水泥对混凝土的抗冻性影响很大，我国生产的五大水泥品种，以火山灰水泥抗冻性最差，许多工程如黄壁庄水库使用 400 号火山灰水泥浇筑溢洪道，结果很快产生冻融。

有的甚至使用混合材水泥，还掺了大量的原状粉煤灰、烧黏土、烧白土等惰性掺合料，大大降低了混凝土的抗冻耐久性，致使发生严重冻融。

（2）砂石集料的影响。一般砂石本身质量都合乎质量要求，但施工中普遍存在不加冲洗或冲洗不净的现象。另外，粗集料不分级、混合使用、杂质含量高等现象也普遍存在。粗集料级配好坏直接影响混凝土的密实性。含泥量超过一定限值，就等于往水泥中加惰性掺合料，对混凝土抗冻性影响很大，十分不利。

（3）水灰比控制不严，水灰比偏大。控制水灰比的目的是确保混凝土的质量。如果水灰比过大，则混凝土中游离水多，孔隙就越多，密度就越小，因而也就降低了混凝土的抗冻能力。当水灰比大到一定程度时，混凝土的抗冻性是很低的。试验结果表明，当水灰比大于 0.65 时，抗冻次数甚至不足 20 次。水灰比大于 0.60，抗冻性急剧下降。许多工程如葠窝水库、云峰水电站、下苇甸水电站、黄壁庄水库、万福闸等使用的水灰比都在 0.6、0.65 或 0.7，显然是偏大的。施工中多加水、雨水不排除的情况也广为存在。加大用水量，水灰比波动很大，是造成这些工程混凝土冻融的重大原因。外部有抗冻要求的混凝土的水灰比，在北方寒冷地区不宜大于 0.50，在南方气候温和地区不宜大于 0.55。

（4）混凝土浇捣不密实，不振、漏振的现象比较严重。材料的称量，混凝土的搅拌、浇捣、养护等各项配制工艺，如果草率从事，均会降低混凝土质量。尽管经过努力，已经选择了质量优良的集料、强度等级高的水泥、合理的配合比，但若不严格控制工艺，也会使混凝土抗冻性大大降低，甚至前功尽弃。因此在配制抗冻性混凝土时，必须做到搅拌均匀、浇捣密实、养护充分，任何一个环节也不能忽视。

不振、漏振、过振都影响混凝土的密实性，都对混凝土抵抗冻融不利。

（5）冬期施工，保温措施跟不上，早期受冻屡有发生；夏期施工，养护跟不上，水分蒸发快，出现早干现象，破坏混凝土的结构，降低混凝土强度与抗风化能力。

（6）不掺引气剂。室内试验证明，引气剂对改善混凝土的抗冻性明显优于其他外加剂。在调查中看到，凡掺引气剂的工程，其混凝土冻融就轻微，或者尚未出现冻融。由此可见，不掺引气剂是造成冻融的主要原因之一。

四、冲磨和空蚀

冲磨和空蚀是水工泄流建筑物如溢流坝、泄水洞（槽）、泄水闸等常见的病害。尤其是当流速较高且水流中又夹带着悬浮质或推移质时，建筑物遭受的冲磨、空蚀就更为严重。据调查，大型混凝土坝在运行过程中有近 70% 的工程存在此类病害，尤其是黄河干流上的几个大型水电站和西南地区的水利水电混凝土工程，由于泥砂和推移质含量大，水流速度高，因此泄水建筑物的冲磨和空蚀已经成为一些水电站运行中的主要病害之一，有的甚至危及工程安全，急需修复。

(一)典型工程实例

1. 丰满水电站

丰满水电站的泄水建筑物是溢流坝，有 11 孔，正常蓄水位单孔泄量705 m^3/s，校核水位时为 761 m^3/s。

该坝 1945 年浇筑到溢流坝顶高程，未装闸门自然过流，经多次过水，溢流面发生了破坏。其冲磨和空蚀情况根据 1950 年检查结果，高程 245.5 m 以下至反弧段起点间，破坏深度为 0.4～2.0 m 的有 35 处。反弧段末端破坏最严重，深度为 4 m，护坦末端破坏深入基岩，危及工程安全。

1951—1953 年，采用真空作业混凝土对溢流坝面进行了改建。混凝土 R_{28} 为 200～250 kg/cm^2，质量较好。1953 年汛期泄水，单宽流量为 28～57 m^3/s，各孔溢流时间为 70～230 h。汛期后检查高程 194.5 m 以上(水上)部分，磨蚀面积大于 1 m^2 的有 23 处，深度为 0.1～0.5 m，小块面积的则更多。1954 年单宽流量为 52～62 m^3/s，溢流时间为 164～1 076 h，高程 195 m 以上磨蚀面积大于 1 m^2 的有 28 处，比 1953 年增加了 5 处。原 1953 年破坏之处，面积大部分有扩展，但深度仍为 0.1～0.5 m。抽水检查水下部分，有 7 处较大的冲磨和空蚀，面积较大的坑有 3 个，面积分别为 24、26、35 m^2，深度分别为 0.8、0.6、1.2 m，部位均接近反弧段末端。

该坝自建成到 1981 年共放水 11 次，每次都出现不同程度的破坏，先后于 1954 年、1957 年、1966 年、1972 年、1981 年进行了 5 次修补，修补面积为 560 m^2，修补方量为 170 m^3。修补材料包括混凝土、真空作业混凝土和环氧树脂砂浆。1986 年汛期溢流时，整个 13 号坝段溢流面反弧段以上出现了大面积混凝土冲毁，最大冲坑深度达 1 m 以上，冲走混凝土 2 000 m^3。幸好丰满发电厂及时采取关闸停水措施，否则将对大坝安全产生严重的后果。修复时发现，真空作业处理过的溢流面混凝土以下，由于上游水的渗漏，内部混凝土已被冻酥，与外部混凝土失去粘结作用而被水冲掉。

2. 柘溪水电站

柘溪水电站大坝是单支墩溢流式大头坝，最大坝高为 140 m。溢流坝共 9 孔，每孔净宽为 12 m，墩厚为 4 m，设有平板闸门，溢流坝顶高程为 153 m，采用矩形差动坎挑流消能，高坎宽 4.6 m，高为 2.75 m，反弧半径为 11 m，出射角为 40°，设计最大泄量为 16 160 m^3/s，实测最大泄量为 10 400 m^3/s。每年放水时间 10～20 d。

该坝 1961 年汛前开始蓄水，当年汛期坝上最大泄量为 7 500 m^3/s，鼻坎处单宽流量为 101 m^3/s。1962 年汛期，最大泄量为 6 050 m^3/s，单宽流量为 28～58 m^3/s。汛后检查 1～6 号墩，12 个高坎中的 24 个侧面就有 23 个遭受冲磨和空蚀，破坏总面积为 23.65 m^2，露出钢筋 208 根，冲断 11 根。其中，3 号坝段右侧面破坏最严重，坑深达 1.1 m，面积为 2 m²，露出钢筋 17 根，冲断 8 根。

1963 年汛前，将矩形坎改为梯形坎，高坎反弧半径、射角及高程未变，仅将侧坡改为 2：1 低坎，反弧半径改为 15 m，出射角由 15°加大到 20°，末端抬高了 1.15 m。当年汛期，由于水位低，单宽流量只有 14 m³/s，鼻坎没有发生冲磨和空蚀。1964 年，单宽流量为 40.2 m³/s，梯形鼻坎又遭到冲磨和空蚀。1970 年，单宽流量达 113 m³/s，冲磨和空蚀又有较大的发展。

针对上述破坏，柘溪发电厂 1967 年后进行过橡胶粉环氧砂浆、环氧砂浆贴橡皮板的现场试验。1973—1976 年，长江科学院又在鼻坎上进行了辉绿岩铸石板、硅锰铸石板、环氧砂浆、呋喃砂浆、高强度混凝土、高强度砂浆、钢板、橡皮板等多种材料的试验。相比之下，钢板、大连产辉绿岩铸石板抗空蚀性能较好，但由于最终被整块冲掉而无法进一步比较。从没有被冲毁的硅锰铸石板上可以看到面包渣状的残体，由此可见，高速水流的冲磨和空蚀问题，目前单纯从材料上解决是有困难的。

柘溪大坝挑流鼻坎是比较典型的遭受冲磨和空蚀的水工建筑物，一些模型试验数据显示：矩形坎单宽流量为 16 m³/s，最大负压为 1.8 m 时，就产生初生空穴，改为梯形坎后仍不适用高速水流的绕流条件，所以冲磨和空蚀还是不能避免。

1978 年，华东水利学院根据室内试验成果，对 9、10 号墩两个高坎进行了现场改形试验。9 号墩用以验证侧挑坎及鱼尾坎的免蚀效果，10 号墩用以验证挑角差的免蚀作用。改形后经 1979 年单宽流量为 123 m³/s 的过流试验，没有发生冲磨和空蚀，经 6 年运行也未发生严重破坏。

自改形后至今，再没有对鼻坎破坏采取进一步的修补措施。但每年对破坏情况仍进行观测，发现冲磨和空蚀到一定程度后，发展趋于缓慢。

3. 以礼河一级水电站

以礼河一级水电站，挡水建筑物为 80.5 m 高的土坝，泄洪洞是该水电站的主要泄水建筑物，洞长约 500 m。洞首由两部分组成，上层是泄水闸，下层为放水底孔，两洞在泄水洞反弧段上交合。该河百年一遇洪峰为 904 m³/s，千年一遇洪峰为 1 420 m³/s，多年平均输砂量为 169 万 t。

泄洪洞运行数年后发现洞身及边墙大面积混凝土表面冲落。在底孔首部有一冲坑，面积为 165 cm×40 cm，深为 8 cm。反弧段有一冲坑，面积为 24 cm×23 cm，深 6 cm。

洞内修补后对水面线以下均做了修补，修补面积为 3 200 m²，厚约 2 cm，其中用硬性砂浆修补 2 000 m²、用环氧砂浆修补 1 200 m²。为防止空蚀，在反弧段末每侧增设一透气孔。

4. 蓊窝水库

蓊窝水库的泄水建筑物有溢洪道和底孔，冲磨和空蚀主要发生在底孔。

大坝底孔是施工期的导流孔，共有 6 孔，间隔布置在溢流坝的宽闸墩内。水库蓄水后供泄洪、排砂和放空水库之用，最大工作水头为 42 m。

1981 年 10 月，对大坝运行情况进行全面检查时，发现 1、2 号孔工作门后 0.5 m 左右的底板两边和侧墙均有磨蚀坑，其中以 2 号孔破坏最为严重，其破坏面积约 4 m²，深 20～30 cm，受力钢筋裸露 4 根。

在 1981 年检查的基础上，1982 年对 3～6 号孔进行了检查，除基本上没有泄水的 6 号孔外，其余各孔在工作门槽后均出现了同样的破坏现象，其中以 3 号孔左侧破坏最为严重，破坏区长 3 m，自底板向上高 1.1 m，深约 41 cm。边墙破坏约 20 cm，底板横向钢筋裸露 9 根，边墙受力筋裸露 4 根，贴角筋裸露 5 根，破坏面积近 5 m²。闸后右侧破坏情况较轻，破坏区长 2.1 m，高 0.35 m，自边墙向板中伸长 1.05 m，边墙受力筋裸露 1 根，底部受力筋裸露 2 根，破坏面积 3.3 m²。

此后进行了修补，去除已破坏的混凝土，回填钢纤维混凝土。

5. 三门峡水库

三门峡水库的泄水建筑物有泄流深孔、泄洪洞、排砂孔和钢管。放水时各建筑物都受到冲磨和空蚀，以底孔破坏情况最为严重，深孔次之，隧洞较轻，在底孔中又以 2 号孔破坏最重。

三门峡水库原有 12 个施工导流孔，1960 年蓄水前按设计要求全部封堵。蓄水后由于水库淤积严重，为了排砂，1970 年将 1～8 号孔重新打开。施工导流孔启用后在排泄库区泥砂、发挥工程效益方面起了很大的作用，但底板混凝土表面出现了严重的冲磨和空蚀。

底孔启封用爆破开挖，造成的坑洞用级配 300 号混凝土回填，1～3 号孔 1970 年前投入运行，4～8 号孔 1971 年汛前投入运行。

底孔断面 3 m×8 m，泄流期间基本处于满流状态，孔内沿程流速相同，汛期平均流速为 14～18 m/s，非汛期最大流速 20 m/s。汛期平均含砂量 80～100 kg/m³，最大瞬时含砂量达 911 kg/m³。

1～3 号底孔自 1970 年投入运行后，经 3 个汛期，底板及两侧墙面下部表面冲磨和空蚀严重，磨蚀坑直径 6～12 cm，深 2～6 cm，闸门槽轨面上的不锈钢也有 5～20 mm 的鱼鳞坑。

为选取抗冲耐磨材料，1973 年在 3 号孔用多种材料做了试验。试验结果证明，钢材抗冲腐能力低于铸石、环氧砂浆、高强混凝土、水泥石英砂浆和真空作业混凝土。根据 3 号孔的试验结果，1974 年汛前在 1 号、4～8 号孔底板表面铺砌了辉绿岩铸石抗磨层，1974 年汛期先后投入，泄流排砂。2 号孔因闸门漏水严重，无法施工，未采取抗磨措施。1975 年检查，发现 7 号孔因施工质量问题约有 7 m² 被冲掉，其余完好。1980 年汛后进行过一次全面检查，情况如下：

2 号孔运行 10 年，累计过流时间 18 842 h(785 d)，过流量 187.247 亿 m³，

输砂 10.994 亿～13.921 亿 t。1981 年 5 月检查时发现工作闸门后有 4 处大磨蚀坑，一般深 20 cm，底板钢筋成排裸露，受力筋被磨扁磨细。侧墙 3 m 以下，混凝土表面冲磨和空蚀严重，粒径 80～120 mm 特大集料裸露。

检查 4、5、7、8 号孔发现，铸石抗冲耐磨层受到严重破坏，4、7 号孔铸石破坏面积达 56%，5、8 号孔各破坏 87%，铸石被砸击得支离破碎。同时在 8 号底孔出口左侧护坦上发现数量有上百立方米的粒径大小不等的石料，直径一般为 20～50 cm，最大超过 1 m，估计是改建时期水电站隧洞进口围堰的残渣，过流时通过底孔泄出，被回流带至该处的。还发现铸石粘结材料环氧基液（聚酰胺固化剂）在局部地区还未固化。

检查时看到 1、3、6 号孔，孔内铸石抗磨层基本完整，6 号孔表面铸石接缝被石块击碎，1、3 号孔表面受砸较轻微。

1983 年，又在 8 号孔采用一级配混凝土修复底板。在 4 号孔工作门槽后用一级配混凝土、高强混凝土、钢纤维和高强砂浆做材料试验，并在挑流鼻坎采用干硬砂浆处理磨蚀坑。

通过现场试验证明，石英水泥砂浆具有良好的抗冲耐磨能力，经 8 个汛期近 2 万 h 的运转，无明显磨蚀坑，均匀磨去约 2 cm。抗冲耐磨能力以铸石最好，环氧砂浆次之，第三是石英水泥砂浆，但后者具有成本低、工艺简单、无毒等优点。

6. 刘家峡水电站

刘家峡水电站的泄流排砂建筑物有溢洪道、泄洪洞、排砂孔和左岸泄水道。使用中 4 种泄水建筑物都出现了较严重的冲磨、空蚀，情况如下：

泄洪洞采用施工导流洞改建而成，平面布置为一直线。立面前部约 200 m 以"龙抬头"式向上游抬高近 70 m，洞全长 540 m，断面尺寸 13 m×13.5 m，形状为半圆形直墙式，底板用厚 0.5～1.0 m 的 300 号混凝土衬砌，上部为 200 号混凝土，出口处为 250 号混凝土。正常蓄水位时，泄流量为 2 140 m³/s，反弧段最大流速 40～45 m/s，出口鼻坎最大流速 40 m/s。1966 年 7 月—1968 年 10 月为导流时间，最大过流量为 3 320 m³/s，该洞从 1966 年开始泄流到 1972 年改建完工，运行期间遭受过三次大破坏。

第一次：1968 年截流后检查发现，靠左边墙的底板自闸门下至出口约 450 m 范围内，冲成一条深沟，沟宽 0.5～1.0 m、深 0.4～1.0 m，底板钢筋被切断，沟外底板混凝土集料裸露。

第二次：在导流洞封堵后改建为泄洪洞的过程中，进水塔刚建完毕，洞身尚未衬砌，因下游供水的需要，于 1969 年 3 月 12 日—4 月 1 日强迫过水，运行了 174.2 h，泄流量为 980～1 000 m³/s，水头约 80 m，相应流速 36 m/s。运行后发现，反弧段 0+140 m（进口处桩号为 0+000 m）～0+180 m 冲一深坑，宽 10 m，深 6～8 m，大坑后有两个小坑深 3～4 m。深坑略下游处拱顶有 10 m 长被空蚀。

第三次：改建工作完成后的第一次过水。经改建后，洞进口尺寸为 8 m×9.5 m，洞身斜坡段为 8 m×12.9 m，平直扩散段为 13 m×13.5 m。洞内用 30 cm 厚的 300 号混凝土衬砌，新老混凝土用插筋连接，1972 年 5 月正式投入运行，弧形闸门开度 3.5 m，泄流量 500～650 m³/s，流速 38.5 m/s。到 5 月 25 日共运行 315 h，发现洞出口水流回缩，原鼻坎挑流变成缓流，进水塔闸门进气量猛增，洞内有轰鸣声。由厂中控制室听到爆炸声，当即关闸检查，发现洞身反弧末端发生了严重的空蚀。

桩号 0+176.19 m～0+184.47 m，有 3 个锥形坑，深 0.5～1.0 m。0+184.97 m～0+207 m 有一个大坑，宽度达整个底板（113 m），长约 23 m，最大深度 4.8 m，基岩也遭到破坏。0+207 m～0+397 m 间 190 m 长的地段内，后加的 30 cm 厚的钢筋混凝土底板大部分被冲毁，一部分钢筋弯至两侧墙边，打入老混凝土的 428 mm 锚筋大部分被拔出或剪断。

1973—1975 年，水电站对泄洪洞再次进行修复。将 0+176 m～0+400 m 重新开挖岩基浇新混凝土，底板加厚并全部铺双层钢筋；底板与基岩的插入筋由 4 m² 一根增至 3 m² 一根；所有纵横缝一律留键槽，设塑料止水片，横向钢筋全部穿过纵缝；增设边墙排水孔；严格控制混凝土表面平整度，垂直流向 ±2 mm、坡度 1/50，顺流向 ±4 mm、坡度 1/80～1/100，大面积平整度为长 3 m 内高差小于 1 cm；被冲面板的缺陷部位如错台、小空蚀坑等，全部用环氧砂浆修补。混凝土标号下部 300 号、上部 200 号，抽样检查 300 号混凝土离差系数 C_v 为 0.115，强度保证率 P 为 98.9%，200 号混凝土 C_v 为 0.109，P 为 99.9%。

泄洪洞修复后经两次试验性放水。1978 年 9 月以 2 088 m³/s 的流量放水时，经 3～4 h 后发现，洞出口处水冲至对岸 330 kV 变电站，并有大量水灌入泄洪洞，当即关闸，此时河对岸公路已被冲坏 40 m。

停水后检查发现，破坏程度较轻，但由于放水时间短，能否经受长时间过水考验尚难判断。现属限制使用，但多年来一直未用。

溢洪道堰高 22 m，长 48 m，分 3 孔，在正常蓄水位时，全开泄量为 3 785 m³/s，校核水位时为 4 260 m³/s，溢洪道总长 875 m，过水断面为矩形，混凝土标号 250 号，渠内流速 25～30 m/s，出口鼻坎处最大流速 35 m/s。

1969 年 10 月开始运行，第一次过水流量为 1 600 m³/s，不足设计流量的 50%，运行 42 d 后，出现了大面积的冲毁，毁坏从堰下 200 m 处开始，向下长达 340 m。较典型的破坏有 3 个深坑，自上游往下，第一个坑破坏程度最为严重，面积 15 m×15 m、厚 1 m 多、重约 500 t 的混凝土板，被冲翻成仰面朝天，底板插筋全部被拔出，有的底板掀起后翻滚到坑下游几十米处，边墙受撞留下擦痕。基岩也被冲成坑，最深者达 13 m，边墙基础被淘成 8 m 深坑并被架空。第

二、三个冲坑较第一个浅，衬砌被冲面积与第一个坑相当。

据设计施工单位分析，产生上述破坏的原因主要是高速水流沿分缝窜入底板基础，将底板掀起，因此修复采取了以下措施：

(1)埋设 $\phi 30$ mm 平头锚杆，间距 3 m，正方形排列。

(2)在每条横缝下打一排排水孔以减少或消除横缝之动水压力，孔距 2 m，打入基岩 0.5 m，在横缝下设置 $\phi 40$ mm 排水管，所有横向排水管用两条纵缝排水管连通，引至边墙以外。

(3)纵横缝均设止水片，横缝区增设键槽。

(4)严格控制混凝土平整度，局部不平用环氧砂浆填补，大面积用干硬性水泥砂浆修补。修复工作耗时 8 个月，于 1970 年 8 月完成。共浇筑混凝土 34 000 m^3，大面积平整度处理 10 000 m^2。现已运行 15 年，情况基本良好。

排砂孔进口在 1、2 号机组进水口上游 50 m 处，出口在泄洪洞出口下游 150 m 处。正常蓄水位泄流量为 105 m^3/s，流速为 15～30 m/s。洞长 675.5 m，由有压段、无压段和明流段三部分组成。大部分由 250 号混凝土衬砌，为提高抗冲耐磨能力，关键部位做了铸石镶面，镶面用预埋铆钉加固，铆钉孔用环氧砂浆抹平。边墙上铸石用水泥砂浆胶结，反弧段的底板及边墙做了环氧砂浆抹面。

1975 年，修复工作完工，同年 11 月过水，不到 10 min 底板就有局部地方被冲坏，出口段铸石板几乎全被冲掉。分析认为，是铸石板粘结强度和平整度不够所致。1975 年 5 月第二次过水历时 20 h，检查后没有出现严重破坏，仅局部地方有麻面。此后又进行了维修，目前运行基本正常。

泄水道位置在左岸 8 号坝段内，作用是泄洪、排砂、下游供水和放空水库，全长 240 m，由坝内两个深孔和明渠组成。坝后明渠宽 8 m，陡槽纵向坡度为 0.16，弯道半径为 296 m，出口有斜形鼻坎挑射消能，正常蓄水位时两孔泄量为 1 500 m^3/s，最大平均流速为 35 m/s。

泄水道于 1967 年 10 月建成，1968 年 10 月水库蓄水后是刘家峡水电站的主要泄水建筑物，每年 5—9 月放水。1968—1978 年进行了 31 496 h 放水，累计泄量 57.4 亿 m^3，共进行过三次维修。

第一次在 1975 年 4 月，当时渠道两侧水面线以下边墙及底板混凝土表面灰浆被冲(混凝土 300 号)，问题不严重，对伸缩缝及泄水道表面局部地方用环氧树脂进行了修补，修补面积约 60 m^2。

第二次在 1977 年 3—4 月，经 1975、1976 年两个汛期的运行，伸缩缝处所抹环氧砂浆大部分剥落，环氧基液也被冲掉，弯道左边墙 4 m 以下砂浆全部脱落，露出石子。这次修补抹环氧砂浆 80.5 m^2，刷环氧基液 230 m^2。

第三次在 1979 年 3—4 月，经过 1977、1978 年两个汛期，沿伸缩缝破坏有 16 处，面积 20 m^2，最大破坏深度 20 cm 并有钢筋裸露。底板从中墩至出口处混凝土均露石，左右边墙水面线以下也大面积露石，露石高度 5~7 mm，底板的破坏程度大于边墙。这次修补采用环氧砂浆，修补面积为伸缩缝 20 m²、泄水道其他部位 604.9 m²。

此后，1982 年 2 月用干硬性砂浆修补了 700 m²，但大部分一个汛期就被冲掉，可见冲磨有趋于严重之势。

7. 盐锅峡水电站

盐锅峡水电站的泄水建筑物设在河床右半部，有 5 孔溢流坝和 1 孔非常溢洪道，为底流消能。消力池长 69.72 m，在池内布置了一排消力墩，高度均为 3 m，共 13 个。在消力墩的迎水面用钢板镶护，在消力池的末端设有高 9.5 m 的消力坎（称二道坎），二道坎反弧段设有差动式鼻坎挑流消能。1963 年 4 月建成，5 月开始过水。据 1971 年以前资料，最大泄量为 4 900 m³/s，最长过流时间约 300 d，设计溢流坝最大流速 25 m/s。历次破坏情况如下：

1963 年洪峰流量为 3 800 m³/s，在水头 41 m 时运行了 172 d。所有消力墩均遭空蚀，墩两侧混凝土被淘成坑，深 0.2~1.2 m，空蚀的混凝土体积占整个墩体积的 20.7%，迎水面钢板被撕掉。1964 年汛前，将消力墩由矩形改为梯形，两侧为斜坡，前面与两侧铺钢丝网填混凝土，并在表面抹环氧砂浆。当年汛期洪峰为 4 900 m³/s，水头 42 m，经 167 d，消力墩又遭同样破坏，空蚀坑一般深为 0.3~0.65 m，最深达 1 m，消力墩前后护坦上也出现了空蚀坑。

1965 年汛前，采用了趾墩与消力墩联合布置方案，在消力墩前加设了一排趾墩，其高和宽约为 2 m，间距为 1.3 m，共 12 个。设置趾墩后，消力墩前流速减小约 10%。1965 年洪峰为 3 000 m³/s，经 170 d 过水，趾墩和消力墩形状完好，但两墩间的护坦上有一些大小不等的空蚀坑，用混凝土做了回填。1966 年汛后检查，两墩间护坦混凝土发生了严重的空蚀。1967 年汛后，由单坑连成一片，消力墩后护坦也有破坏，在 12 号趾墩末端出现深达 2.8 m 的大坑。经研究，1968 年将破坏部位用混凝土回填，并将 1~12 号趾墩和 11~12 号消力墩凿去。1969 年汛后检查，已凿去两墩的护坦未发生空蚀，留下的两墩之间护坦仍有空蚀，故决定将剩余的两墩全部凿去，对受破坏的混凝土用钢筋混凝土补强。

两墩凿除后，通过模型试验，在一级消力池下加设二级消力池，长 28.5 m，末端设齿墙，改建后流态有改善。

1980 年泄量为 5 500 m³/s，汛后检查一级消力池，底板被冲坏 2 000 m²，二级消力池消力坎伸缩缝露出了钢筋头。修补措施是底板加密钢筋网，由原来钢筋间距 50 cm×50 cm，改为 25 cm×25 cm；钢筋由 φ16 mm 增至 φ19 mm；混凝土表面 3~5 cm 用 200~250 号干硬性砂浆抹面，伸缩缝用环氧砂浆修补。

1984 年汛期一级消力池底板又被冲磨了 100 多平方米，缝中环氧砂浆被冲落，两级池间消力坎也出现较轻微的破坏。

此外，发电厂尾水渠也有冲磨，部分钢筋外露，水下情况不明。

8. 八盘峡水电站

八盘峡水电站的泄水建筑物有 4 孔溢流坝、3 孔溢洪闸、2 孔非常溢洪道和左右排砂廊道。自 1974 年以来，最大泄量为 4 150 m^3/s，只达到设计流量 7 650 m^3/s 的 50%，但也遭到较严重的破坏。

溢流坝：设计消能形式为挑流，由于形态布置不合理，实际消能形态紊乱，在护坦内出现回流，形成半挑流半底流状态。

护坦：1980 年汛前检查，冲坏面积有 32 m^2，深 30 cm，而汛后，检查已经发展到 300～400 m^2，深度也有所加深。1981 年年底，筑钢丝笼围堰修补护坦，同时加高鼻坎，增设防冲墙。1982 年汛后检查基本完好，至今未发现大的破坏。

挑流鼻坎：1980 年汛前检查，发现鼻坎后面部分岩石被冲磨和空蚀，且以后磨蚀面积逐年增加，范围波及排砂洞出口及 1、2 号闸下部位。据 1980—1982 年检查，以溢流鼻坎下破坏最为严重，最大磨蚀坑 100 m^2 以上，深 3 m 以上，对此甘肃省电力局决定筑围堰修补加固，预计混凝土方量 5 000 m^3，需投资 500 万元。

排砂廊道：左右排砂廊道断面设计不合理，为矩形且没有渐变段，水流状态不好。试运行时，空蚀声和振动很大。泄水后检查，边墙空蚀严重，混凝土变疏，部分能用手掰下。由于排砂廊道下就是灌浆廊道，立体交叉，间隔只有 1.2 m 且靠近厂房，一旦排砂廊道与灌浆廊道贯通，将严重影响发电厂安全，到现在一直不敢启用。

9. 龚嘴水电站

龚嘴水电站的泄水建筑物有溢洪道、泄洪洞（底孔）和漂木道。因木材过渠道碰撞厉害，损失率大，漂木道实际没有使用，漂木由溢流坝直接下泄。设计时为满足放水需要，采用面流消能。建成投运后发现，坝下由于石渣的淤积，下游水位比设计抬高了约 2 m，产生了回流。

水电站所在河流——大渡河雨量充沛，库区上游冲磨和空蚀严重，含砂量大。据 1956—1965 年资料，多年平均含砂量为 12.2 kg/m^3。随着水库淤砂量逐年增加，颗粒加粗，有向推移质发展的趋势。这种推移质泥砂，丰水年过坝量约为 88 万 t。

该工程 1971 年开始过水，截至 1984 年检查，破坏情况严重。主要破坏部位发生在溢流鼻坎下，发电厂厂房左端墙和分水墙，6、10 号底孔边墩，漂木道右边墙等处，对发电厂安全已造成威胁。

溢流坝鼻坎：1984 年检查，鼻坎下淤渣约 10 m 厚，检查后只清淤约 2 m。从可探测的部位看，鼻坎下游面高程 456～470.5 m 处，10 m 高的范围内均有冲磨和空蚀，最深磨蚀坑达 2 m。

厂房左端墙和分水墙：1973—1976 年检查，在 0+0.98 m～0+176 m(0+000 m 为坝轴线)近 80 m 的范围内有 3 个冲磨坑，其中 2 个面积较大，分别为 19.94 m² 和 18.5 m²。1975—1976 年进行补强，把边界突变的地方改为折线，对水流条件有所改善。1983—1984 年检查，0+80 m～0+98 m 副厂房左侧立面混凝土墙大面积遭冲磨。1982 年汛前，横向冲磨最深达 1.3 m。0+98 m～0+199 m 主厂房至分水墙末端，共有大小冲磨坑 28 个，其中 23 号坑较 1982 年汛前坑增加深度 0.5 m，其余没有新发展。

6、10 号底孔边墩：1973—1975 年检查，6 号底孔右边墩及 10 号底孔左边墩 0+60 m～0+80 m 发现扁长椭圆形冲磨坑 2 个，面积分别为 20 m×13.4 m 和 16 m×16 m，深 2～3.1 m。1978 年汛前进行了修补，汛后再检查发现补强混凝土已被冲掉。

1983 年汛后，检查 6 号底孔右边墙 0+60 m～0+72 m，未冲落的补强混凝土也断成两截，新老混凝土接触面处裂开成缝，缝顶部宽度达 9 cm，最大冲磨坑深 4 m，位置在桩号 0+74 m，高程 470 m 处。该边墙头重脚轻，随时可能倒塌。0+80 m 处冲砂孔出口下游面也有冲磨坑。10 号底孔左边墩 1980 年春补强的混凝土，经 4 个汛期的运行，混凝土外的钢筋混凝土预制模板表面的环氧树脂基液保护层已被冲磨掉，钢筋半圆裸露。0+60 m 附近第一轮补强混凝土钢镶面板左下角被整齐地切掉 1.2 m×1.5 m，其下游侧补强混凝土有一呈十字形冲磨坑。该冲磨坑 1982 年汛前曾做过处理，现补强混凝土已被冲磨掉，最大横向深度为 0.6 m。

漂木道：1973—1975 年检查，右边墙有 11 个冲磨坑，一般面积 6 m×8 m，深 5 m，最大的为 36 m×21 m，深 8.5 m，并且大范围的破坏发生在基础和基岩上(该处基岩裂隙密集)。1973—1976 年对基础破碎带进了水下修补。1977—1978 年检查，大面积冲磨坑少了，但小坑数量增多，一般面积为 2 m×1 m，深 1 m。1983 年检查共有大小冲磨坑 27 个，与 1982 年比较，坑磨冲有发展，有的合二为一。最大的冲磨坑 13 m×7 m，深 3.0 m，有一处是第一轮补强混凝土被冲磨而成，深 3.6 m。0+225 m～0+350 m 段，1973 年前补强的混凝土都有不同程度的冲磨。1982 年汛前查有 11 个冲磨坑，现为 12 个，最大的 6 m×2.9 m，深 2.5 m。

另据介绍，7 号溢流鼻坎顶部有 3.3 m 长、0.2 m 深的冲磨槽，底孔弧门后几十米被冲磨，弧门关不紧。

以上几处破坏，1973—1982 年修补了 8 次(大部分仍被冲磨掉)，混凝土方量达 10 000 m³，耗资 400 万元～500 万元。设计部门提出了在下游做围堰、较彻底清渣的修补方案，需投资 3 000 万元。

该坝设计最大泄量 13 800 m³/s，而最大过流量小于 6 000 m³/s，却造成如此大的破坏，更应引起重视。

10. 葛洲坝水利枢纽二江泄水闸

葛洲坝水利枢纽位于长江三峡出口南津关下游 2.3 km 处，工程分两期施工，一期工程有三江 2 座船闸、6 孔冲砂闸、二江 7 台发电机组和 27 孔泄水闸。二江泄水闸是葛洲坝水利枢纽的主要泄洪建筑物，挡水前沿宽 498 m，27 孔闸分左（6 孔）、中（12 孔）、右（9 孔）三个区段，用导墙隔开。闸的形式为开敞式平底闸，闸室长 65 m、宽 12 m、高 24 m。闸下游有消力池、检修平台、防冲加固段、防淘墙和带有加糙墩的混凝土海漫，总长 335 m；抗冲耐磨混凝土为400 号，厚 40 cm，高流速区还进行了高分子材料浸渍处理。

1981 年 4 月，大江截流后投入运行，在二期工程施工期间兼作导流，成为宣泄长江洪水和泥砂的主要通道。投入运行的当年，恰遇历史实测最大洪水（71 800 m³/s），超过设计采用的校核流量 71 100 m³/s。该年输砂 7.3 亿 t，超过多年平均输砂量的 40%。第二、第三年洪水和泥砂仍然偏大。由于含砂量大，加上推移质过闸，给闸室和护坦造成了一些破坏。1981—1983 年，每年都要进行一次岁修。岁修有闸尾下部分围堰抽水、气压沉柜和潜水三种方法。修补材料多达 12 种，检查修补区域主要是高流速区和易损部位。

运行一年后，右区 27 孔、26 孔闸室底板及下游第一排护坦前部混凝土发生了破坏，露出石子，有浅槽，平均深度 2 cm 左右，最深点 10.2 cm。闸门底栏及闸尾检修门底栏钢板下游侧淘空或变形。其他几孔冲磨情况类似，但程度较轻。第二、第三年冲磨情况较第一年轻微，一般混凝土只露出砂子，较严重处粗集料外露，平均冲磨 1~2 cm，部分纵缝处有 V 形小槽。

1986 年，为全面了解二江泄水闸 5 年来的损坏情况，趁大江二期围堰拆除之后，在整个二江泄水闸下游修筑围堰，抽干水，进行了全面检查。经现场查看，总体尚可。

对被冲磨的部位，深者圆填、浅者抹面，提高冲糙面的平整度。1986 年，检修主要采用干硬性水泥砂浆、水泥铸石砂浆、环氧树脂砂浆，此外还用了铁矿砂砂浆、不饱和聚酯砂浆等，但用量较少，是试验性质的。

11. 陆浑水库

陆浑水库的泄水建筑物有溢洪道、泄水洞、输水洞、灌溉洞。冲磨、空蚀较严重的是输水洞，该洞直径 3.5 m，是钢筋混凝土衬砌的有压隧洞，全长 300 m。1964 年泄水 40 多天后发现冲磨、空蚀破坏严重，情况如下：

洞底混凝土被严重冲磨和空蚀，一般磨蚀坑深 10 cm，最深 20 cm，露出钢筋 100 多根，ϕ18 mm 钢筋大部分被磨掉 1/3~2/3，有的甚至已被磨断。输水洞出口处的泄水渠，消力池陡坡及底板被冲磨露出石子，局部钢筋外露，外露的钢筋也被磨掉 1/3。闸门后 7 m 范围内，空蚀严重，特别是左侧，造成长 5 m、宽0.5 m、深 30 cm 的空蚀坑，钢筋外露。

1965 年，曾采用喷浆和现浇混凝土护面，材料为 500 号水泥砂浆，空蚀带的砂灰比 3∶1，其他地方 4∶1，同时限制水位运行。但在后来的运行中面板仍出现冲磨和空蚀。1985 年，用 400 号高强砂浆进行了修补。

12. 以礼河四级泄水闸

以礼河梯级电站是跨流域开发的，其四级泄水闸位于盐水沟。该河段山高坡陡，洪水季节多推移质，最大过闸块石直径 1 m 多。

该泄水闸底板与河床齐平，闸下为防止推移质破坏，设计时采用钢轨"田"字格中填混凝土的结构，经 1～2 年过水后全部冲毁。1981 年修复改用 60 cm×40 cm×6 cm 的铸铁板铺衬，每块铁板有 4 个锚栓与底部混凝土连接，缝与锚栓孔用环氧树脂砂浆填补。1982 年完工投入运行，调查时看环氧砂浆有局部脱落，铸铁板完好。

从以上几个典型工程实例的情况可以看到，泄水建筑物冲磨和空蚀是比较严重的，各工程单位为维修付出不少努力，取得了一定成果。但丰满水电站、三门峡水库、盐锅峡水电站、刘家峡水电站、龚嘴水电站、葰窝水库、八盘峡水电站等工程，虽经修补还是屡遭破坏。柘溪水电站空蚀问题，经多次修补方见成效。以礼河一级水电站泄洪洞、葛洲坝二江泄水闸已大修；陆浑输水洞、刘家峡泄洪洞、八盘峡排砂廊道，被限制使用，由此可见，冲磨和空蚀问题至今还没有得到解决。尤其要指出的是，龚嘴水电站的冲磨不仅严重而且发生在坝趾及发电厂端墙，威胁着大坝和发电厂的安全运行；八盘峡水电站鼻坎下的冲磨严重，排砂廊道空蚀严重被迫停用，问题较大；刘家峡水电站 4 个泄水建筑物都遭到较大的破坏，修复后仍有破坏，尤其是泄洪洞，不仅自身遭破坏，还危及开关站的安全。

(二)冲磨和空蚀产生的原因分析

造成破坏的原因涉及面较广，有设计、施工、材料和运行管理 4 个方面。有的因素，如坝面平整度、混凝土局部强度等，因缺乏资料还很难一一分清，现按实例破坏情况分析如下：

1. 冲磨产生的原因

(1)水流介质的影响：葛洲坝水利枢纽明显地显示推移质破坏；龚嘴水电站坝下磨蚀坑的形成与石渣磨损有关；三门峡水库底孔的一次大破坏也与过推移质有关，三门峡底孔通常的破坏形式是磨损，主要是悬浮质所致。

(2)混凝土质量差：混凝土质量包括两方面的内容，一是强度，二是均匀性。从强度看，陆浑水库抗冲耐磨混凝土只有 170 号，强度太低。葰窝水库抗冲耐磨混凝土为 200 号，强度不高且均匀性差，据资料，离差系数小于 0.2 的只有 71%，检测到的最低强度只有 52 kg/cm²。盐锅峡水电站消力池破坏严重，有空蚀问题，而混凝土强度等级只有 100～150 号，显然不符合冲磨混凝土的要求。

丰满水电站大坝改建前，因日伪时期施工质量极差，所以导致大面积破坏，其他局部损坏，除平整度问题外，与局部质量低有关。

（3）结构上的问题：刘家峡溢洪道初次过水底板掀翻的事故，据分析是高速水流引起脉动压力渗入底部所致。修复时采取了横缝设止水、底板下加排水的措施，基本上解决了这一问题，从而证实结构设计不当也是引起冲磨的重要原因。

2. 空蚀产生的原因

首先是建筑物流态不当，如柘溪水电站的鼻坎、葠窝水库的底孔贴角、盐锅峡水电站的消力墩，还有诸多工程的门槽等；其次是过流面平整度不够，如丰满水电站真空作用混凝土溢流面，据 1963 年调查，65 个鼻坎上有 234 处模板接缝，只有 10 处较好，溢流面冲磨坑多数与此有关；还有，就是混凝土局部强度低，冲磨后引起空蚀而致；此外，闸门开度不当或多孔闸门不同的启闭方式也会造成空蚀。

五、锈蚀

水工钢筋混凝土结构中钢筋的锈蚀是近几年来陆续出现的一种新的病害。在大型水电混凝土工程中，主要发生在厂房结构、开关站、坝顶的启闭机大梁，门机轨道大梁、公路桥大梁等钢筋混凝土结构中。在对大型水电站的调查中，出现此类破坏情况的占 40%。对钢筋混凝土闸等水利水电设施，由于其主要部件是钢筋混凝土的梁、板、柱结构，近年来，此类破坏就更为突出。在调查的 40 余座闸中，钢筋锈蚀占了近 50%。由此可见，钢筋混凝土结构中钢筋的锈蚀，无论在大型的水电站还是钢筋混凝土闸坝中，均是一种普遍存在的病害。

（一）锈蚀产生的原因

水工钢筋混凝土结构中，钢筋出现锈蚀，其原因主要有两方面：一方面，由于混凝土遭受空气中二氧化碳的侵蚀，碱度降低而形成碳化，当混凝土的碳化深度达到钢筋保护层厚度时，就会使钢筋表面原有的钝化膜破坏，这时钢筋在水和氧气的作用下就产生了电化学腐蚀，从而造成钢筋的锈蚀。另一方面，沿海地区的水工钢筋混凝土建筑物，受到海水、海风、盐雾中氯离子的侵入；或者是钢筋混凝土结构施工中掺入了带氯离子的外加剂，如氯化钙等。氯离子是钢筋锈蚀的强烈活化剂，国外一些资料表明，当混凝土中氯离子含量达到水泥重量的 0.4% 时，钢筋即开始锈蚀。

钢筋混凝土结构中的钢筋一旦发生锈蚀，将出现体积膨胀，膨胀量为原体积的 2~4 倍，此时在混凝土中将产生很大的膨胀应力，从而将钢筋外面的混凝土保护层胀裂，形成沿钢筋的裂缝，称为"顺筋裂缝"。而裂缝的出现，又使空气中的二氧化碳、氧气、水更容易进入混凝土内部，这更加速了碳化和锈蚀的发展，钢筋和混凝土之间的粘结力大大削弱，外部混凝土保护层被崩落，钢筋裸露，有效断面因锈蚀而削弱，承载能力迅速下降，最后甚至可能引起部分结构或整个建筑物的倒塌。

（二）典型工程实例

1. 盐锅峡水电站

盐锅峡水电站位于甘肃省境内，坝区年平均气温为 8.7 ℃、最高气温为 20.1 ℃、最低气温为－5.2 ℃，相对湿度 56%。调查时发现，3 号挡水坝段门机轨道大梁由于混凝土碳化，内部钢筋锈蚀膨胀，局部混凝土保护层崩裂，崩落面积为 500 cm²。4 号进水孔启闭机大梁由于混凝土碳化，内部钢筋锈蚀膨胀，使外部混凝土产生顺筋裂缝，长度约 50 cm。发电厂升压站混凝土排架和立柱，混凝土的碳化深度大部分超过保护层厚度，内部钢筋锈蚀，外部混凝土崩裂和崩落。主厂房的行车梁和立柱等钢筋混凝土结构，碳化深度达 40 mm 左右。分析原因，一方面是施工质量差，混凝土不密实；另一方面是所使用的水泥品种杂，混合材料掺量多，熟料含量少，如 400、350 号矿渣硅酸盐水泥，350、250 号混合水泥，粉煤灰水泥等。

2. 黄龙滩水电站

黄龙滩水电站位于湖北省境内，坝区年平均气温为 16.1 ℃、最高气温为 42.3 ℃、最低气温为－8 ℃，相对湿度为 76%。20 世纪 80 年代调查发现，混凝土碳化、钢筋锈蚀最突出的是发电厂、开关站。开关站中许多混凝土预制件的保护层厚度是 20 mm，而碳化深度超过 20 mm，内部钢筋已锈蚀，混凝土保护层已胀裂，形成顺筋裂缝。如 1～9 导线架柱，沿主筋方向均出现了顺筋裂缝，裂缝宽度超过 0.3 mm，其中 7 号是线架柱碳化深度已达 28.7 mm。T 形梁由于混凝土碳化，内部钢筋锈蚀，横梁底部出现裂缝。厂房牛腿处碳化深度已达 30.3 mm，裂缝处碳化深度大于 35 mm。运行仅 10 年的黄龙滩水电站，碳化、钢筋锈蚀如此严重，原因是该工程是"文革"期间的"三边"工程（边勘测、边设计、边施工），施工质量差，应采取措施阻止混凝土碳化、钢筋锈蚀的发展。

3. 丹江口水利枢纽

丹江口水利枢纽位于湖北省境内，坝区年平均气温为 15.2 ℃、最高气温为 40.4 ℃、最低气温为－14.3 ℃。调查时发现，由混凝土碳化而引起内部钢筋锈蚀，并将外部混凝土崩落，尤其是开关站互感器支架的梁和柱、坝顶公路桥大梁，比较明显。

所测碳化深度表明：①300 号以上混凝土使用 15～18 年，碳化深度最大仅为 6.7 mm。②相同强度混凝土，由于暴露部分不同，碳化深度也不同。编号 4、5 室外通风条件好，碳化深度为 0；6 号为室内顶部，二氧化碳容易积聚，虽已粉刷涂料，但碳化深度为 6.7 mm，比室外大。③表面有无涂料对碳化深度也有影响。编号 8、9 号两组是相同强度的混凝土，暴露条件相同，有涂料的碳化深度为 7.4 mm，无涂料的为 20.4 mm，相差 3 倍。因此对钢筋混凝土表面采用合适的表面涂料进行粉刷保护，对防止碳化、延长使用年限是有效的措施。

4. 刘家峡水电站

调查时发现，坝顶盖板下部混凝土碳化深度超过保护层厚度，钢筋锈蚀，混凝土胀裂，外部混凝土崩落。主厂房混凝土墙壁碳化深度超过 49 mm，开关站混凝土立柱碳化深度为 19.2 mm，都接近保护层厚度。

5. 新安江水电站

新安江水电站开关站的预应力 T 形梁，裂缝很多，每根梁都有几条裂缝，有表面缝、贯穿缝、交叉缝，缝宽 1～2 mm。T 形梁 2 区段 24 A 混凝土裂缝处碳化深度大于 24.5 mm，无裂缝处碳化深度仅为 7.1 mm。T 形梁有些部位钢筋已锈蚀，混凝土崩裂，钢筋外露。

6. 湖北省荆江分洪工程

南闸水上部位 1 号左墩公路大桥梁下游侧，混凝土碳化深度已达 35.7 mm，钢筋锈蚀，外部混凝土已崩裂或崩落。调查发现，1965 年加固的混凝土由于密实性差，碳化深度达 19.8 mm，钢筋锈蚀；而 1952 年施工的混凝土质量好、密实性好，碳化深度仅为 1.5 mm。调查还发现，同种混凝土处于相同的工程部位，受日照时间长、背风处的，碳化深度达 12.2 mm；受日照时间短、空气流动处的，碳化深度小于 2.0 mm。

7. 万福闸

万福闸是一座 65 孔的大型钢筋混凝土闸，1960 年建成投入运行。由于设计标准低、施工质量差，运行 7～8 年后就发现，混凝土碳化、钢筋锈蚀膨胀，结构物产生顺筋裂缝。到 1984 年，混凝土平均碳化深度超过 60 mm，钢筋普遍锈蚀，混凝土多处裂缝，并有混凝土崩落，对安全运行有较大威胁。

8. 蚌埠闸

安徽省蚌埠市郊的蚌埠闸，公路桥、节制闸及船闸的钢筋锈蚀严重。节制闸上的栏杆混凝土剥落，钢筋锈蚀并裸露。公路桥的各个拱均有多处裂缝，其中 1、5、7、8、9 号拱有多处纵向裂缝，裂缝宽度 0.5～1.0 mm；有的地方保护层剥落，有铁锈水流出。

9. 杜家台汉江分洪闸

杜家台汉江分洪闸位于湖北省境内。该工程混凝土强度等级低（140～170 号），施工时人工插捣，有蜂窝、鼠洞，混凝土质量差、不密实，有些部位的混凝土施工时掺用了氯化钙。调查时发现，工作桥的混凝土排架立柱和大梁钢筋锈蚀严重，外部混凝土已产生顺筋裂缝，裂缝宽度大于 10 mm，混凝土崩落，钢筋外露，已引起混凝土结构局部破坏。尤其 11～24 孔破坏的情况更为突出，混凝土的碳化深度已达 50 mm，超过了钢筋保护层，即使外观好一些的混凝土碳化深度也已达 33 mm。管理单位也曾对工作桥主柱、顺筋裂缝部位进行过局部修补，但经过 1～2 年仍然开裂。

10. 陆浑水库

陆浑水库位于河南省境内，库区年平均气温为 13.3 ℃、最高气温为 43.6 ℃、最低气温为 −19.1 ℃，相对湿度为 70% 左右。该水库在一些钢筋混凝土结构施工中，错误地掺用了氯化钙，致使混凝土中钢筋锈蚀严重。如输水洞进水塔是 1960 年 9—12 月施工的，混凝土设计标号为 200 号，实际强度最大为 233 kg/cm²、最小为 200 kg/cm²，采用洛阳矿渣 400 号水泥，氯化钙掺量超过 3%。到 1975 年检查时，塔架混凝土多处崩裂，局部崩落，内部钢筋普遍锈蚀，腐蚀深度为 3 mm 左右。为此，1976—1981 年，对塔架混凝土结构进行加固处理，凿除已损坏的混凝土，内部钢筋除锈，整个塔架又浇了 10 cm 厚的混凝土。然而，仅 7 年时间，由于混凝土质量不均匀、密实性差，碳化深度有的部位为 18.6 mm，有的高达 43.2 mm，碳化速度相当快。调查时还发现未加固部位如楼梯平台，也出现内部钢筋锈蚀、外部混凝土胀裂的情况。

11. 韶山灌区

韶山灌区位于湖南省境内，气候温和。工程包括水库枢纽、引水枢纽和灌区工程三部分。调查发现，山枣渡槽钢筋锈蚀严重，建成仅 7～8 年就产生裂缝，渡槽支撑排架 4 个角多处钢筋外露，严重锈蚀。一般下部较上部严重，外侧较内侧严重，有些排架、柱子及横梁由于钢筋锈蚀体积膨胀，混凝土已产生裂缝。排架的碳化深度大于 25 mm，已达到和超过保护层厚度，槽身底部碳化深度为 15 mm 左右。破坏程度与所处部位有关，常被风吹雨淋的部位，破坏发生得早且严重。山枣渡槽钢筋锈蚀比较严重的原因是混凝土强度低，水灰比偏大。采用矿渣水泥，掺粉煤灰代水泥 10%～15%，还掺 1%～1.5% 的氯化钙，混凝土不密实，碳化速度快，加之掺有氯化物，钢筋锈蚀严重。尽管曾用高强度等级砂浆、环氧树脂砂浆进行过试验性修补，但修补层仍胀裂。

12. 东湖塘闸

东湖塘闸位于福建省宁德市境内，属沿海地区。该坝建于 1964 年，由于海风、海雾中氯离子的侵蚀，目前闸启闭机外壳、螺杆外套已锈蚀溃烂；桥栏杆已腐烂掉，桥上柱子内部钢筋锈蚀胀裂，混凝土崩裂；胸墙和闸门钢筋锈蚀严重。东湖塘闸的闸门曾换过两次，开始是钢筋混凝土框架、中间镶木板的闸门，由于海虫将木门蛀空，形成渗水通道；后换成钢丝网水泥闸门，由于保护层薄，钢丝网锈蚀严重，闸门表面多处胀裂，为此涂环氧树脂保护，但 3 年后环氧树脂保护层起皮脱落，闸门再次被破坏。1980 年开始，逐步更换钢筋混凝土平板闸门，闸门厚度为 7 cm，后来发现有局部流出锈水。启闭机外壳锈蚀极为严重，涂刷油漆也无济于事。1973 年，为保护启闭机，建造了启闭机房，但调查时发现机房底板已多处锈蚀胀裂，钢筋外露。

锈蚀如此严重的原因，是该闸暴露在海洋环境中。对这种恶劣环境条件下的钢筋混凝土结构，质量一定要严格控制，混凝土密实性要好，水灰比要小。而该工程水灰比达到 0.8，单纯以加水改善混凝土的和易性，混凝土中的砂又是含盐的海砂，虽经人工冲洗，但含盐量仍然较高，加之混凝土不密实，氯离子很易渗入混凝土内部。调查时取钢筋周围砂浆，测定氯离子含量已达 0.8%，大大超过临界值。

13. 西陂塘闸

西陂塘闸位于福建省宁德市境内。调查时发现，闸虽仅用 7 年，已明显暴露出钢筋锈蚀问题。如柱子钢筋锈蚀，混凝土保护层胀裂，胸墙上的吊环已锈蚀烂掉，浪溅部位比潮差部位锈蚀严重。

14. 涧河防潮闸

涧河防潮闸位于河北省唐山市境内，建于 1967 年，1977 年扩建。调查发现，闸上各种外露的铁件均锈蚀比较严重，呈层状剥落，严重的已呈铁矿石状。如钢丝网水泥闸门橡皮止水的压铁已锈蚀剥落，混凝土中钢筋锈蚀引起混凝土崩裂剥落；机架梁混凝土出现裂缝、剥落，钢筋外露，机架柱混凝土剥落露筋；钢丝网水泥闸门面板上出现锈斑裂缝等。调查时测量 4 个部位混凝土碳化深度，平均为 8.5 mm。

此防潮闸锈蚀如此严重，一方面是临海有氯离子渗入混凝土；另一方面是混凝土施工时掺入 2% 的氯化钙，内因、外因共同作用所致。加之，1976 年大地震造成各孔胸墙闸墩、机架柱等部位的混凝土都有不同程度的裂缝，宽度达 5 mm，这些裂缝更加造成了钢筋的严重锈蚀。该工程凿除严重损坏的混凝土，填充了新混凝土，破坏较轻的已用环氧树脂砂浆处理。

此外，河北省部分此类挡潮闸的闸门、梁、栏杆等处都产生了较为普遍的锈蚀，情况严重的，混凝土开裂剥落，如东排干防潮闸、郑家沽防潮闸等。

15. 江苏省的水工建筑物

江苏省水利科学研究所调查了江苏省的水工建筑物的钢筋锈蚀问题。调查报告指出，江苏省建造了不少挡潮闸，这些挡潮闸大多离海岸较远，闸前有淡水顶托，水中氯离子含量比海水少、比河水多，所以江苏省挡潮闸的钢筋锈蚀是由碳化作用与氯离子渗透结合在一起作用的，锈蚀速度快。如掘坚闸离海岸不到 5 km，水中氯离子含量达 3 466 mg/L，闸墩及桥墩保护层厚为 40 mm，而碳化深度已达 31~63 mm，钢筋表面混凝土氯离子含量达 0.09%~0.62%（以砂浆重量计），存在许多顺筋裂缝，钢筋严重锈蚀。又如新洋港挡潮闸的胸墙，不但有沿海的氯离子渗透，也有碳化问题，而且混凝土内部还掺用了氯化钙，导致钢筋锈蚀，混凝土产生顺筋裂缝。《浙东沿海水工钢筋混凝土构件锈蚀破坏调查报告》（河海大学）调查了 22 个工程，其中属严重损坏的、已不能用的有 3 座，构件损坏严重需要进行大修的有 8 座，需要局部修理的有 8 座，基本上完好的仅有 3 座。

六、水质侵蚀

水质侵蚀即环境水（包括库区水、河道水及地下水）对水工建筑物混凝土的腐蚀破坏。过去，人们对这一问题重视不够，其原因就在于实际工程中没有发生过环境水对混凝土的破坏事例。但是环境水对水工建筑物混凝土的侵蚀问题不仅存在，而且在某些地区、某些工程，侵蚀的情况还比较严重，甚至构成大坝或发电厂建筑物安全运行的潜在威胁。

(一)硫酸盐侵蚀

1. 侵蚀的机理

硫酸盐对混凝土侵蚀的机理比较复杂，到目前为止，还没有完全弄清。但一般认为，硫酸盐侵蚀，即环境水中含有较多硫酸根离子，这些硫酸根离子可以与混凝土中的某些组分产生二次膨胀反应，而造成混凝土的破坏。首先，硫酸根离子与混凝土中的氢氧化钙起反应，生成硫酸钙，由氢氧化钙变成硫酸钙，固相体积要产生膨胀，这就是第一次膨胀反应。而生成的硫酸钙又可以与水泥中的铝酸三钙（C_3A）进一步反应，生成硫铝酸钙，硫铝酸钙也称为水泥杆菌，它会形成体积的再次膨胀，这就是硫酸盐对混凝土侵蚀的二次膨胀反应。当环境水中的硫酸根离子浓度较高，而混凝土中的铝酸三钙含量也较高时，以上两个反应就会不断地进行，生成的硫酸钙和硫铝酸钙就会不断增加。开始时，这些固相产物沉积于混凝土的毛细孔中，而当毛细孔被填满后反应继续进行时，反应产物就会在混凝土中产生很大的膨胀应力，从而造成混凝土的胀裂甚至结构物的彻底崩毁。环境水中的硫酸根离子浓度越高，水泥中的铝酸三钙含量越大，硫酸盐侵蚀越严重。

2. 典型工程实例

调查发现，在我国西北地区的水电站混凝土工程中，如刘家峡、盐锅峡、八盘峡水电站普遍存在着硫酸盐的侵蚀，其中，八盘峡水电站的侵蚀情况较为严重。

八盘峡地区地下水中硫酸根离子的含量均在 2 000 mg/L 以上，左岸山头处高达 12 300 mg/L 以上。该水电站大坝的基础廊道内部，由于地下水的硫酸盐侵蚀，测压管附近的混凝土及部分廊道混凝土底板已经产生胀裂、崩塌，甚至变成一摊稀泥，排水管和测压管等金属结构腐蚀严重。左岸山头地下水流入坝顶，不仅对混凝土产生侵蚀，而且造成坝顶门机钢轨的严重剥蚀，同时由于地下水的渗透，厂房的混凝土墙的下部同样产生了腐蚀。

在盐锅峡水电站，由于地下水中硫酸盐的侵蚀，基础廊道排水沟的混凝土坎胀裂变酥，进厂公路的混凝土挡墙被崩裂甚至大块崩塌，主厂房墙壁下部的水磨石贴面也受到侵蚀。

在刘家峡水电站的地下厂房和地下开关站等部位，由于地下水硫酸盐的侵蚀，地下厂房拱顶衬砌混凝土的施工缝处全部漏水，漏下的含硫酸盐的水又直接侵蚀主厂房的顶层混凝土。厂房顶层局部混凝土和内部的钢筋已被侵蚀。如果这种侵蚀继续发展，可能使厂房顶层混凝土产生局部的崩裂或混凝土块的掉落，从而对发电机的正常运行和人身安全构成潜在的威胁。同时，在地下洞室中的主变压器和开关站，也由地下水硫酸盐的侵蚀而引起洞室顶部衬砌混凝土的渗漏。这些含有盐分的地下水从顶部漏入变压器或开关站电气设备时，必将给变压器或开关站的安全运行带来一定的威胁。该电站330开关站洞至顶部均产生了硫酸盐侵蚀和盐水渗漏现象。为维持开关站的正常生产，只能在该开关站顶部用塑料瓦搭起临时挡水棚。此外，刘家峡水电站左岸混凝土副坝基础部位，已出现与基岩接触不良的问题。在左副坝钻孔时，发现钻至坝基混凝土与岩石接触面时发生掉钻现象，取出此部位的岩芯发现呈现糊状浆体。这一现象，有可能是坝基混凝土遭受地下水硫酸盐侵蚀的结果。

3. 侵蚀产生的原因

以八盘峡水电站为例，该水电站是1970年前后施工的。对于有承压水作用的大体积混凝土，当水中氯离子含量小于1 000 mg/L，硫酸根离子浓度大于1 200 mg/L时，则表示水质对混凝土会产生硫酸盐侵蚀。根据这一标准可以看出，八盘峡水电站无论是左岸、右岸还是坝体基础部位，地下水对上述建筑物均有较为严重的硫酸盐侵蚀。对于这种具有强硫酸盐侵蚀的地区，水电站混凝土建筑物应采用何种水泥等原材料，应该在前期工作中进行充分的试验论证。但是，当时的设计单位只是根据一般的概念，要求施工单位采用永登水泥厂的600号硅酸盐大坝水泥(该水泥 C_3A 含量较低，一般均小于6%，认为具有一定的抗硫酸盐性能)，而在施工中由于大坝水泥供应不足、工期紧迫，又在部分基础混凝土中采用了同厂家生产的500号普通硅酸盐水泥(大部分在左岸)。无论是大坝水泥或普通水泥，在后来的补充侵蚀性试验中证明，它们在八盘峡这种高硫酸盐含量地区，其抗硫酸盐性能并不好。

经3年浸泡后，普通水泥制成的混凝土，其强度最大下降达41.6%(基础廊道右侧B13孔)；大坝水泥制成的混凝土，其强度最大下降达33.9%(基础廊道左侧B32孔)。从当时试验的混凝土试块可以看出，浸泡3年后均有缺棱掉角现象，严重的甚至局部崩落。即使是抗硫酸盐水泥，在浸泡 3 年后，其强度最大下降也达 24.6％。因此无论何种水泥，均存在硫酸盐侵蚀的破坏特征，尤其是随着时间的延长，该水电站大坝基础混凝土抗硫酸盐的耐久性仍存在问题，尚需继续加强观测。由于硫酸盐对混凝土的破坏过程是具有跳跃式的膨胀历程，开始可能出现一段平静阶段，混凝土体积并不发生明显的变化，但到一定时候，混凝土体积会产生突然膨胀而使混凝土胀裂，这之后又会出现一段体积变化不大的过程，并同时酝酿着第二次体积的突变。因此，大坝宏观上看虽未发生大的异常变化，但是否在某一时刻出现较大的突变不得而知，这就构成了大坝安全运行的潜在威胁。

八盘峡水电站已经发现 3、4 号机组基础段坝基扬压力过大，超过设计要求。渗压系数设计要求帷幕后为 0.30，但实测已达 0.40，说明原地下帷幕可能已经受到侵蚀。为了保证坝基稳定，水电站曾在 1985 年进行了 3、4 号机组段的基础灌浆。灌浆本应采用抗硫酸盐水泥，但由于施工单位缺乏应有的知识，误将抗酸水泥当作抗硫酸盐水泥来使用。施工前又没有进行必要的试验（抗酸水泥是一种专门防酸的特种水泥，其成分和使用方法与抗硫酸盐水泥完全不同），结果使灌入的水泥浆成为毫无强度的泡沫状材料。等发现问题，已到施工末期，耗资 6 万元～7 万元，不仅没达到原来灌浆防渗、防侵的要求，反而造成不利的后果，应该作为深刻的教训来吸取。

（二）工业污水侵蚀

随着工业的发展，一些工业污水直接排放到河道或库区，造成了对水工混凝土建筑物的侵蚀或金属结构的锈蚀。例如，南京武定门节制闸和抽水站是秦淮河上相邻的两座水工钢筋混凝土建筑物，由于在河道上游的硫酸厂和化肥厂将工厂废水直接排入河道，从而两座建筑物的混凝土受到了较严重的酸性侵蚀。武定门节制闸的闸墩、边墙及凡是遇到水的部位，混凝土表面砂浆均被腐蚀，露出石子，甚至集料中的石灰石碎石及闸两边护岸的石灰石块石均因受到了酸性水的侵蚀而出现凹陷。抽水站的混凝土胸墙、闸墩也都受到侵蚀，混凝土表面如水刷石一般。

安徽省纪村水电站，由于库区上游 500 m 处有一个硫铁矿将大量含硫酸的废水排入库区，因此枯水季节库水的 pH 仅为 2～3，呈现较强的酸性。由于这些酸性水的存在，水电站的金属结构如引水钢管拦污栅、闸门等产生严重的腐蚀，其中引水钢管局部已腐蚀 0.5 mm，虽已刷漆保护，但其耐久性还需经受考验；拦污栅和闸门则均未处理。由于调查时正值汛期，水位较高，混凝土的侵蚀情况未能看到。

此外，天津市郊区屈家店枢纽工程中的永定新河进洪闸，该处水质被严重污染，pH 为 3.5，呈现明显的酸性，闸身混凝土将出现侵蚀性破坏。也有一些水库，从水质分析上看可能具有一定的侵蚀性，但从实际运行情况来看，并没有对大坝或其他水工混凝土建筑产生明显的破坏。

七、其他

水工混凝土建筑物耐久性方面除以上六类主要问题以外，还有其他一些值得注意的问题，归纳起来，主要有以下三类：

(一)大坝混凝土的低强和风化剥落

由大坝施工中混凝土的质量差，引起强度等级普遍低于设计要求的情况，称作大坝混凝土的低强。低强给耐久性带来的不利因素是多方面的，如容易造成冻融、渗漏、冲磨和空蚀等问题，南方一些地区，还会出现大坝外部混凝土的风化剥落。典型工程实例如下：

1. 新安江水电站

新安江水电站在 1958 年 6 月至 1959 年 3 月的施工中，使用了江南水泥厂生产的 300 号火山灰水泥 28 300 t，浇筑混凝土 14 万 m³，占大坝混凝土总量的 11% 左右。这些混凝土分布在 22 个坝段 53 个浇筑块，其中上游面 19 个坝段，下游面 3 个坝段。由于江南水泥厂生产的 300 号火山灰水泥本身质量较差，凝灰岩掺量高达 48%(接近当时国标规定的 50%)，有时水泥 R_{28} 仅为 250 kg/cm²，低于出厂标号。加之施工中任意加水，将设计水灰比 0.60～0.75 扩大到 0.78～1.0，在一些部位还掺用了 10%～25% 的石煤渣粉，致使大坝混凝土的强度很低，16 号坝段有的浇筑块浇筑后好几天都不凝结，24 d 后混凝土用手还可以揉成粉末。6、7、8、12、13、14、15、18、19、23 号共 10 个坝段均采用 300 号火山灰水泥浇筑，机口取样强度仅为设计标号的 40%～60%。这种混凝土现场凿取的试块放在水中浸泡，强度不仅不发展，而且会产生表面疏松、脱落。浸泡 9 年的资料表明，混凝土失重率在 5% 左右；同时，进行 25 次慢冻试验时，试块重量损失率也超过了 5%，说明这部分混凝土的质量是较差的。当这部分混凝土暴露在空气中时，由于大气的风化作用，坝面混凝土已经出现疏松、剥落，甚至长满了草，混凝土的碳化深度也较大，达 50 mm 以上。廊道内的部分混凝土用手就能剥落，说明强度很低。

2. 丹江口水电站

丹江口水电站在 1959 年至 1962 年的第一阶段施工中，由于施工质量差和原材料选择不当，且掺用了 10%～25% 的烧黏土，因此在这一期间内浇筑的 100 万 m³ 混凝土普遍出现强度不足，最低强度合适率仅 48%，从而坝体出现许多裂缝、冷缝架空等质量事故。为此，大坝工程被迫暂停施工，水电站用了 5 年时间进行前期质量事故的处理工作。这些质量事故造成了巨大的经济损失，同时也给大坝的耐久性留下了不少的后患。

3. 柘溪水电站

柘溪水电站在 1959 年到 1960 年大坝混凝土施工中，使用的水泥大部分为

300～400号低强度的混合水泥及矿渣水泥，为了降低水泥用量又掺用了15％～30％的烧黏土，从而造成大坝混凝土的低强。如迎水面126 m高程以下的9.67万 m³混凝土的统计资料表明，强度仅达到设计标准的65.6％。坝上凿取试块和钻孔取样，其强度也都未能达到设计标准，而且经潜水员下水检查，上游面水下混凝土也出现了疏松现象。另外，这种掺烧黏土的混凝土不仅抗压强度低，而且拉压比(抗拉强度与抗压强度之比)较一般的混凝土低，仅为5％～6％。调查时观察到，由于坝体混凝土强度低、密实性差，混凝土的碳化深度最大的已达48 mm。大坝混凝土强度低、均匀性差，也成为柘溪大坝严重裂缝、漏水的内在原因，给大坝的耐久性带来很大的危害。

4. 枫树坝

枫树坝在1970年至1973年施工中，掺用了10％～25％的烧黏土，混凝土均匀性较差。尤其是水平接缝处有一层黄泥浆，强度很低，干缩又大，致使大坝施工中产生了很多的水平裂缝(占裂缝总数的94％)。在调查中，大坝上游面挂有黄泥浆状的物体；下游面敲击时，有带黄色的水泥浆块脱落，说明由于混凝土强度低，坝面混凝土已开始风化脱落。

从以上4个工程大坝混凝土出现的低强问题可以看出：3个工程是在"大跃进"期间施工，一个工程是在"文革"中施工。当时水泥供应紧张、质量低，又不适当地强调压低水泥用量，且掺用了烧黏土等劣质混合材料，加上施工中不能进行有效的质量控制，造成了大坝混凝土强度达不到设计要求的低强等一系列问题，甚至事故，这些问题给大坝的耐久性带来了许多后遗症，这一教训，应该认真吸取。

(二)碱活性集料

碱活性集料主要分作两类：一类为集料中含有活性的SiO_2，它可以与水泥中的碱(Na_2O、K_2O)产生反应，生成水化硅酸钠(钾)凝胶。这种凝胶体能吸水膨胀，从而在混凝土内部产生较大的拉应力，使混凝土产生胀裂(简称AAR)。另一类是含有某些特性微晶白云石的碳酸盐集料，它可以与水泥中的碱(Na_2O、K_2O)产生"脱白云石反应"而形成膨胀性产物，从而使混凝土产生破坏(简称ACR)。国外混凝土大坝中发生过不少碱活性集料破坏的事故，如美国、英国、丹麦、澳大利亚等国家均有因碱活性集料反应而使水工混凝土建筑物遭受破坏的实例，为此国际上已把碱活性集料问题作为混凝土耐久性中的重要问题加以研究。

在调查的32座大型混凝土坝工程中，有4个工程大坝混凝土集料中含有碱活性集料。

1. 丰满水电站

丰满水电站是我国建设较早的一座大型混凝土坝。经查明，大坝施工时采用的粗集料中含有较多的活性SiO_2，主要存在于流纹岩、安山岩、凝灰岩、闪长岩等岩石中，这些岩石的集料在料场中占 14％～35％。丰满大坝混凝土采用的水泥主要由当时的大同洋灰公司（现吉林松江水泥厂）生产，该水泥中含碱量很高，经实测水泥中含碱量高达 0.95％～1.57％，因此在丰满大坝混凝土中存在碱活性集料反应的实际条件。经大坝钻芯观测，在 48 号坝段 2 号孔约 250 m 高程处的混凝土芯样中，发现集料与砂浆结合处已产生了碱集料反应，砂浆颜色由一般的灰白色变成棕黑色，出现了 0.5～2 mm 宽的碱集料反应环带。以后又经芯样的薄片鉴定，发现与集料接触的砂浆中已产生了细微裂缝。用化学分析和电镜分析反应产物，结果证明为硅酸钠，因此说明，在丰满大坝中确实存在碱集料反应。但对此问题，尚须做进一步的长期观测和研究。

2. 大黑汀水库和潘家口水库

大黑汀水库和潘家口水库这两个工程的大坝混凝土均采用滦河滩的天然砂石料，这些粗集料中也含有流纹岩、安山岩、凝灰岩等有活性 SiO_2 的成分，经砂浆棒长度法鉴定，半年或一年膨胀率均小于 0.1％，不属于活性集料。但是为了保证大坝工程安全，大坝混凝土施工中采用了抚顺水泥厂生产的低碱水泥（含碱量小于 0.6％），同时大黑汀水库大坝混凝土施工中还掺用了活性混合材料粉煤灰（唐山发电厂湿排灰）。试验证明，粉煤灰对碱集料反应有着良好的抑制作用。但运行 25 年后，大黑汀大坝溢流面还是普遍出现裂缝、剥落、脱空等现象。经全面检测发现，混凝土中也存在碱集料反应环和反应产物，并形成微观裂缝与宏观裂缝的连接。大坝溢流面混凝土的破坏是冻融冻胀和碱集料反应的共同作用，同时也说明原采用的砂浆棒法对缓慢的有潜在活性的集料有一定的局限性。

3. 柘溪水电站

柘溪水电站大坝混凝土施工中采用的粗集料中含有 9.1％的燧石。经试验确认，燧石为活性集料，若遇高碱水泥反应时将产生较大的体积膨胀。但迄今为止，柘溪大坝混凝土中没有发现碱活性集料破坏反应的迹象，其原因可能是：柘溪大坝采用的水泥大部分是 300～400 号的混合水泥和矿渣水泥，水泥本身就含有大量的活性混合材料，加之施工时还掺用了 10％～25％的烧黏土，因此混凝土中真正的水泥熟料相当少。这些混合材料的使用，一方面相对地降低了水泥中的含碱量，同时还能起到抑制碱活性集料反应的作用。因此，到目前为止，大坝混凝土中没有发生碱活性集料的破坏反应。

综上所述，碱活性集料是水工混凝土耐久性中的重要问题之一，它在我国已建的混凝土大坝中确实存在，因此必须予以充分的重视。对碱集料反应的问题，要贯彻预防为主的方针，切实做好前期工作中砂石料的质量鉴定，尽量不采用确认的活性集料，当集料中含有活性集料时，要根据情况采用低碱水泥，控制混凝土中的总含碱量。同时，如有可能应尽量掺用优质活性混合材料粉煤灰等抑制材料，并且均要通过试验论证，在确保安全的前提下方能施工。

(三)坝顶不正常升高

在调查中,有两个大型水电站的混凝土坝出现了坝顶的不正常升高问题。

1. 丰满水电站

丰满水电站自 1959 年设沉陷观测以来,发现从 4 号到 55 号坝段共 52 个坝段,坝顶均有逐年抬高的现象。至 1981 年,坝顶最大升高值已达 33.71 mm。对于这一问题,水电站很重视,曾组织了专门的调查、试验和一系列的论证工作。最后得出的初步结论是:从观测到的资料证实,坝顶抬高主要发生在坝体顶部 10 m 左右的混凝土,这里正是冬季出现负温的区域。由于丰满水电站坝体混凝土质量很不均匀,坝体中存在大量强度低、裂缝多的混凝土,如再含有较多的水,则在冬季混凝土出现负温时发生冻胀,使已有的裂缝扩张或出现新的裂缝,必然引起坝体混凝土的膨胀和疏松,在坝顶的沉陷测点出现上升现象。当负温消失时,已经膨胀的混凝土不能完全复原,出现残余变形,在坝顶的沉陷测点出现了积累性的升高现象,因此坝顶的逐年升高主要是由于含水混凝土冻胀。鉴于以上分析,由于坝体顶部的负温冻胀年复一年都要发生,因此坝顶抬高仍会继续发生。而且由于反复冻胀,坝顶混凝土必将进一步疏松,强度和动弹性模量均会继续下降,在高水位或遇到地震时将引起坝顶的损坏,致使大坝不能安全运行。对这种潜在的危险,应予以注意。

2. 黄龙滩水电站

黄龙滩水电站是一座坝高 107 m 的混凝土重力坝,是"文革"中施工的一个工程。自 1978 年开始,观测结果发现,大坝的 13 号坝段(溢流坝段)坝顶上游面左侧有逐年抬高的趋势,1978—1985 年共升高 5 mm。由于 13 号坝段上游左侧的抬高,与相邻的 14 号坝段产生相互挤压,从而在坝顶出现了 17 条裂缝。产生坝顶局部升高的原因,据黄龙滩水力发电厂初步分析,可能与 13、14 号坝段的基础质量差、产生不均匀沉降有关。该水电站的技术施工设计报告中说,13、14 号坝段基岩质量差,含大量软弱的云母片岩,此种岩石的饱水强度仅为 150～200 kg/cm^2,13 号坝段基础此种岩石占 54% 而且分布不均匀,坝块前部含软弱岩石多达 74%。武汉水利电力学院[①]曾对 13、14 号坝段基础和坝体变形进行了模型试验和有限单元法计算,结果初步说明,由于基岩质量差又分布不均匀,坝体在自重和水压力作用下,可能产生扭曲变形,从而引起 13 号坝段上游左侧的升高。

---

① 现已并入武汉大学。

第三节 有益的启示和建议

一、有益的启示

通过对众多水工混凝土建筑物老化病害实例的调查，在水工混凝土建筑物耐久性问题上，得出以下一些具有普遍性的经验教训和有益的启示。

(1)凡是设计标准合理、施工队伍素质较好、能严格进行质量控制的工程的耐久性都比较好，经济效益和社会效益都比较高，这一类工程大都是20世纪50年代修建的。

(2)"大跃进"或"文革"期间，"土法上马"或违背客观规律搞的"三边"工程，一般在设计中就存在问题，施工中又采用劣质原材料，基本不执行或不严格执行质量控制规程，这些工程的耐久性较差，甚至在建设过程中或运行初期就出现事故，大则危及安全运行，小则给建筑物的耐久性留下难以解除的病根。

(3)在多年水工混凝土工程建设过程中，也积累了一些提高和保证建筑物耐久性的行之有效的技术措施：

①在混凝土中掺用优质外加剂如引气剂，并保证合理的含气量，严格控制水灰比，是提高水工混凝土抗冻性和抗渗性的有效措施。

②认真采用真空作业，保证应有的真空度和吸水时间，是提高混凝土表面性能的有效措施，可以明显地改善水工混凝土的抗冲耐磨、抗碳化等性能。

③防止或减轻泄水建筑物混凝土产生空蚀的技术措施，包括设计出合理的水流形态，并采用掺引气剂，同时也能保证混凝土的质量。

④混凝土大坝设计和施工中，认真进行温度控制，合理选择原材料及配比，掺用优质外加剂和优质粉煤灰，科学地组织施工程序，搞好全面质量管理，是防止大坝混凝土产生裂缝的重要技术措施。

(4)提高水工混凝土建筑物耐久性的根本措施之一，是要建立健全有关的规程规范及相应的管理制度。目前，在设计和施工中往往对混凝土的强度较为重视，但是实践证明，强度并不能代表耐久性，强度符合要求不一定能抗冻，也不一定耐侵蚀。因此必须在设计和施工规范中，建立健全有关耐久性方面的内容。迄今为止，水利水电部门还没有一个水质侵蚀的规程，也无抗冲耐磨、抗空蚀规程和钢筋混凝土结构防碳化、抗钢筋锈蚀的专门规定，因此设计和施工部门对水工混凝土建筑物的耐久性问题无章可循。加之在许多已建工程的管理上，往往重生产、轻土建维护，对建筑物的耐久性重视不够，缺乏相应的管理条例，因此一些工程由于管理不善，进一步加速了病害的发展，使建筑物在较短的服役期内就失去了耐久性。

二、有益的建议

为保证新建工程的耐久性及已建工程的安全运行，必须在总结已有经验教训的基础上，积极开展水工混凝土耐久性及病害处理技术的研究，现就需要研究的方向和课题提出如下建议：

1. 水工混凝土建筑物裂缝的防治研究

（1）水工混凝土抗裂性的新材料、新技术的研究。

（2）高混凝土坝施工中防止裂缝技术（如表面保温防渗等）的研究。

（3）裂缝对建筑水工建筑物危害程度的研究。

（4）裂缝的无破损检测技术的研究，尤其是水下裂缝的探测技术和修补技术的研究。

（5）危害性裂缝的修复技术的研究。

2. 水工混凝土建筑物渗漏的防治研究

（1）高混凝土坝抗渗能力的新材料、新技术的研究。

（2）混凝土坝渗漏溶蚀病害处理技术的研究，尤其是水下防渗堵漏技术及表面防护材料和工艺的研究。

（3）新型止水材料、止水结构及工艺的研究。

3. 水工混凝土建筑物抗冻能力的研究

（1）高寒地区耐冻大坝混凝土的研究。

（2）高寒地区防止或减轻混凝土冻融的新型保护材料及工艺的研究。

（3）水工混凝土冻融修复技术的研究。

（4）水工混凝土抗冻标准的研究（修订现行规范）。

4. 泄水建筑物提高抗冲耐磨能力的研究

（1）高速水流，尤其是黄河流域的含砂水流及西南地区的推移质水流下，抗冲耐磨新材料、新工艺的研究。

（2）水工混凝土泄水建筑物抗冲耐磨、抗空蚀的技术标准的研究。

5. 水工钢筋混凝土结构防碳化和钢筋锈蚀的研究

（1）制定水工钢筋混凝土结构防碳化和钢筋锈蚀的技术标准，并开展相应的研究工作。

（2）防碳化、防钢筋锈蚀保护材料及工艺的研究。

（3）钢筋混凝土结构中钢筋破坏后修复技术的研究。

6. 水工混凝土建筑物防止环境水侵蚀的研究

（1）西北地区硫酸盐侵蚀病害防治技术的研究。

（2）工业污水对水工混凝土建筑物侵蚀的防治的研究。

（3）水工混凝土建筑物环境水侵蚀标准和技术措施的研究。

7. 水工混凝土建筑物病害监测技术的研究

（1）无破损检测技术，包括测缝、测破坏深度、测强、测侵蚀、测钢筋锈蚀等的研究。

（2）水工混凝土建筑物耐久性安全监测条例和有关管理规程的研究。

8. 水工混凝土建筑物以安全运行年限为目标的耐久性定量化设计的研究

提高水工混凝土建筑物整体耐久性和安全性，前提是要有一个以安全运行年限为目标的耐久性设计，即"耐久性的定量化设计"，并进行大量室内外试验研究，在此基础上才能实现。

第二章　混凝土抗冻性研究

第一节　混凝土冻融破坏机理

冻融破坏是我国东北、西北和华北地区的水工混凝土建筑物在运行过程中产生的主要病害之一，对于水闸、渡槽等中小型水工混凝土建筑物，冻融破坏的地区范围更为广泛，除东北、西北、华北地区外，华东、华中的长江以北地区以及西南高山寒冷地区均存在此类病害。较为典型的工程如东北的云峰水电站，大坝建成运行不到 10 年，溢流坝表面混凝土冻融破坏面积就达 10 000 m²，占整个溢流坝面的 50% 左右，混凝土平均冻融侵蚀深度 10 cm 以上。

混凝土的冻融破坏是国内外研究较早、较深入的课题。20 世纪 40 年代后，美国、苏联、欧洲、日本等均开展过混凝土冻融破坏机理的研究，提出的破坏理论有五六种，如美国学者鲍尔斯(T. C. Powers)提出的冰胀压和渗透压理论等。但大部分理论是从纯物理模型出发，经假设和推导而得出的，有些是以水泥净浆或砂浆试件通过部分试验得出的，因此迄今为止，对混凝土的冻融破坏机理，国内外尚未得到统一的认识和结论。

本书采用混凝土实体试件，在水饱和条件下进行快速冻融试验，通过对混凝土在冻融过程中宏观特性和微观结构的测试，较为直接地进行混凝土冻融破坏机理的研究。

一、研究方法

混凝土冻融试验以混凝土实体试件进行，试件尺寸为 10 cm × 10 cm × 40 cm，采用二级配混凝土。试验以快冻法进行，冻结时混凝土试件的中心温度为 −15 ～ −17 ℃，融化时试件中心温度为 6 ～ 8 ℃，一次冻融循环为 3 h 左右，试件在冻结和融化过程中均处于全浸水状态(即饱水状态)，冻融试验机采用日本产 ATM 全自动混凝土冻融试验机。试验按《水工混凝土试验规程》(SL 352−2006)有关规定进行。混凝土抗压强度、抗折强度、抗拉强度、失重率、动弹性模量(以下简称动弹模)的测试也均按《水工混凝土试验规程》(SL 352−2006)进行。

混凝土饱和面干吸水率，是混凝土密实程度的一种间接表示指标。一般情况下，混凝土密实度越差即孔隙率越大，则饱和面干吸水率越高；密实度越高，孔隙率越小，其吸水率也就越低。混凝土的饱和面干吸水率的计算方法如下：将混凝土浸泡水到饱和（一般泡 3～4 d 达饱和，试件质量不再增加），擦去表面浮水至面干后称重，再行烘干至恒重，饱和面干试件与干试件的质量差与干试件的质量比，即混凝土试件的饱和面干吸水率。

本书所述混凝土饱和面干吸水率的变化，也是从一个侧面反映混凝土在冻融过程中密实度的变化过程。

混凝土冻融过程中微孔结构变化的研究，是采用 9162A 型高压汞测孔仪（其最大压力可达 400 MPa）来完成的。

混凝土冻融过程中，水化产物的形态和结构是采用扫描电子显微镜来观测的，其放大倍数一般为 1 000～3 000，也可达 5 000。通过扫描电镜，人们可以相对比较混凝土中水泥水化产物的结构形态，也可相对比较不同样品中某种水化产物的多寡程度。

混凝土冻融破坏过程中，对水化产物成分的影响是通过 X 射线衍射试验进行的。由于 X 射线对不同的结晶体有不同的衍射特性，因此通过衍射峰值的大小即可相对比较混凝土中水化产物成分的相对含量。

二、混凝土冻融破坏过程中宏观特性的研究

1. 普通混凝土和引气混凝土冻融破坏过程中宏观特性变化

（1）随着冻融次数的增加，混凝土的强度特性均呈下降趋势，其中反应最敏感的是抗拉强度和抗折强度。即随着冻融次数的增加，混凝土的抗拉强度和抗折强度迅速下降，而抗压强度下降趋势较缓。例如，以目前抗冻标准中动弹模下降 40％作为一个临界值，则普通混凝土抗拉强度剩 51.6％，抗折强度剩 30.9％，抗压强度剩 84.8％；引气混凝土达此抗冻临界值时，抗拉强度剩 28.6％，抗折强度剩 35.8％，抗压强度剩 49.5％。

（2）失重率也是混凝土抗冻性的一个评价指标。从试验结果可以看出，随着冻融次数的增加，对普通混凝土来讲，动弹模下降 40％时失重率为负值（混凝土尚未产生剥蚀，吸水率增加而导致），质量并不发生损失，但此时混凝土的抗拉强度、抗折强度等均发生了明显的变化，因此对于普通混凝土，尤其是结构性混凝土，用质量损失作为抗冻性的评估指标就不一定合适。而对引气混凝土而言，失重率比普通混凝土较为显著，当动弹模下降 40％时失重率已达 3.07％，即表面已发生明显的剥蚀，因此失重率这一指标对引气混凝土抗冻性的安全评估，仍有一定的意义。

（3）饱和面干吸水率是混凝土毛细孔隙率的一个间接指标，也是混凝土密实程度的一种标志。从试验结果中可看出，随着冻融破坏的发生，普通混凝土和引气混凝土，其吸水率均呈逐步增加的趋势。这一结果从宏观上说明，混凝土在冻融循环过程中内部孔隙是逐步增加的，而密实度是逐步下降的，这与宏观强度的

下降是一致的。

2. 冻结温度和冻融速率对混凝土冻融破坏的影响

冻结温度和冻融速率对混凝土冻融破坏的影响试验，都是采用普通混凝土进行的，混凝土中心的冻结温度分三个等级，即－5 ℃、－10 ℃和－17 ℃，融化温度均为5 ℃。

冻结温度对混凝土的冻融破坏有明显的影响，冻结温度－17 ℃时，普通混凝土只能承受7次冻融循环，当冻结温度提高到－10 ℃时，可承受冻融循环次数增加到12，而当冻结温度提高到－5 ℃时，混凝土承受的冻融循环次数将大幅度提高，提高到133。冻结温度由－5 ℃降低到－10 ℃时，混凝土的冻融破坏效果将出现一个突变，即当混凝土中最低冻结温度达－10 ℃时，冻融破坏的力量将明显加大。因此对于混凝土冻结温度有可能达到－10 ℃或更低温度的建筑物，必须设计较高的抗冻等级。

冻结速率的影响试验分两个等级：一个从＋5 ℃到－17 ℃，每次冻融循环时间为3 h，相应的冻结速率为0.2 ℃/min；另一个等级是从＋5 ℃到－17 ℃，每次冻融循环时间为4 h，相应的冻结速率为0.17 ℃/min。冻结速率对混凝土的冻融破坏有一定的影响，冻结速率提高，冻融破坏力加大，混凝土容易被破坏。

三、混凝土冻融破坏过程中微观结构的研究

1. 混凝土冻融破坏过程中微孔特性的变化规律

(1)混凝土冻融破坏过程中微孔含量在逐步增加。普通混凝土冻融前总压汞量为9.30×10^{-2} mL/g，冻融后总压汞量为11.16×10^{-2} mL/g，总压汞量增加了20%，即混凝土中孔隙含量(体积)增加了20%。引气混凝土冻融前总压汞量为8.18×10^{-2} mL/g，冻融225次时(动弹模下降近30%)总压汞量为10.90×10^{-2} mL/g，增加了33%，冻融300次时(动弹模下降近40%)总压汞量为13.48×10^{-2} mL/g，增加近65%。引气混凝土冻融过程中，孔隙含量的增值又明显多于普通混凝土，无论引气混凝土或普通混凝土，微孔含量增加的范围主要在25～150 nm。

(2)无论普通混凝土还是引气混凝土，在冻融前后微孔分布曲线的峰值即最可几孔径，在逐步扩大，普通混凝土由39.8 nm增大至72.4 nm，引气混凝土由45.7 nm增大至98.6 nm，说明混凝土在冻融过程中微孔含量和微孔直径均在增大。

2. 混凝土冻融破坏过程中微观结构的电镜分析

用扫描电镜对普通混凝土和引气混凝土冻融前后的试样进行微观结构的观测和分析，可知：

(1)混凝土在冻融过程中，水化产物的结构状态发生了明显变化，即由冻融

前的堆积状密实状态逐步变成疏松状态，且水化产物结构中出现了微裂缝，这些微裂缝数量和宽度随着冻融循环次数的增加而增多和加宽。

（2）引气混凝土在冻融前后，除发生了上述现象外，还随着冻融过程的进行，混凝土中原来完整封闭的气泡的气泡壁逐步出现了开裂，并且裂缝的数量和宽度也随冻融过程的进行而增加。因为引气混凝土中气泡冻融前是密闭的，汞是进不去的，而当气泡壁出现裂缝后，汞在较高的压力下就可能压进去，这时压汞量出现进一步增加的趋势，可以认为这就是引气混凝土在冻融过程中的压汞量增加值。

3. 混凝土冻融破坏过程中水化产物成分的测试分析

通过对普通混凝土和引气混凝土在冻融前后的试样做 X 射线衍射的结果进行比较和分析，可以初步得出各种水化产物晶体的 X 射线衍射峰值在冻融前后的试样中基本相似，这表明无论是普通混凝土还是引气混凝土在冻融过程中，其水化产物的成分及含量基本保持不变，没有发生明显的化学反应。

通过压汞试验、扫描电镜和 X 射线衍射分析可以看出，混凝土的冻融破坏过程从微观上看，实际上是水化产物结构由密实状态到疏松状并产生微裂缝和微裂缝发展的过程。对引气混凝土来说，原来封闭独立的气泡也随着冻融过程而出现了裂缝并发展，从而使气泡逐步失去了应力缓冲作用和渗透缓冲作用，最终也导致了破坏。同时也表明，混凝土的冻融破坏过程基本是一个物理变化过程，在这个变化过程中其水化产物的成分基本保持不变。

四、小结

（1）混凝土在冻融破坏过程中，宏观特性呈逐步下降的趋势，主要反映在密实度的降低和强度的下降。其中抗拉强度和抗折强度反应最为敏感，当混凝土动弹模下降 40% 时，抗拉强度和抗折强度将下降 50%～70%，这是一个值得重视的问题。

（2）冻结温度越低，冻结速率越快，混凝土的冻融破坏力越强。冻结温度达 −10 ℃时是一个临界值，达到或低于这一临界值时要保证混凝土的抗冻耐久性，必须设计较高的抗冻等级。

（3）混凝土冻融破坏过程中的微孔测试和分析，是一项全新的探索工作。通过测试发现，混凝土在冻融破坏过程中微孔含量在逐步增加，微孔直径在逐步扩大。冻融破坏前后，普通混凝土微孔含量将增加 20% 左右，最可几孔径增大 82%；而引气混凝土微孔含量将增加 60%，最可几孔径增大 116%。微孔增加较明显的孔径范围在 25～150 nm，属很小的毛细孔或较大的凝胶孔。

（4）混凝土冻融过程中，水化产物结构形态和成分的微观分析和测试，也是一项全新的探索。扫描电镜测试和 X 射线衍射分析有了新的发现。从微观水化产物结构上看，混凝土的冻融破坏过程，实际上是水化产物结构由密实体到松散体的过程，而在这一发展过程中又伴随着微裂缝的出现和发展。而且微裂缝不仅存于水化产物结构中，也会使引气混凝土中的气泡壁产生开裂和破坏，这是导致引气混凝土冻融破坏的主要原因。由于混凝土在冻融破坏过程中，水化产物的成分基本保持不变，因此混凝土的冻融破坏过程基本上可以认为是一个物理变化过程。

(5)混凝土冻融破坏过程中微观测试的结果与宏观特性测试结果是互为印证的，由于混凝土微孔的增加以及微裂缝的增加和发展，混凝土宏观强度下降，密实度降低(吸水率增加)。

(6)混凝土冻融破坏过程中的微观试验是本部分研究的重点，虽然得到了一些新的发现和结果，但仍属初步探索，还有待于今后进一步研究论证。

第二节　硬化混凝土中气泡的性质对混凝土抗冻性影响

对抗冻性的研究，国内外有关研究机构和学者、专家均做了大量的工作，并且提出了许多提高抗冻性的有效措施，如采用优质引气剂等，已经在工程实践中得到了推广应用，并取得了实效。总结我国的成果可以看出，抗冻性研究主要集中在混凝土原材料及配合比组成对抗冻性的影响上，并且得出结论，混凝土中的水灰比和含气量是影响抗冻性的两个最主要的参数。在此基础上，一些研究人员认为，只要严格控制混凝土的水灰比，并保证一定的含气量，即可保证混凝土良好的抗冻性。但是许多国家，如美国、日本、苏联等，除了研究原材料及组成对抗冻性的影响之外，还较早地开展了亚微观结构即混凝土孔结构对抗冻性影响的研究，并且提出，为保证良好的抗冻性，混凝土中的气泡必须有合适的间距系数。为了进一步认识孔结构对混凝土抗冻性的影响，笔者开展了气泡性质对混凝土抗冻性影响的试验研究，并且进行了在保证一定含气量条件下，通过掺用某些掺和料以改善气泡性质，从而提高混凝土抗冻性的试验研究。本节在介绍笔者的研究同时对国外学者关于气泡间距系数的新的研究成果也进行了介绍。

一、试验设计

1. 试验条件设计

(1)本次试验是在相同原材料(水泥品种、砂石料品种)及相同配合比(相同水灰比、相同含气量)的情况下进行的，只是采用了不同品种的外加剂，如不同品种的引气剂及引气减水剂，从而在混凝土中形成不同的气泡状态。

（2）改善气泡性质的研究，是在上述试验条件下掺用同一品种外加剂，在相同含气量情况下掺用不同品种混合材料，以探索其对气泡性质的改善情况和对抗冻性的影响。

2. 试验项目

（1）新拌混凝土进行含气量及坍落度的测试。

（2）硬化混凝土进行下列试验项目：

①龄期 28 d 的快速冻融试验。

②龄期 7 d、28 d、90 d 的抗压强度以及龄期 7 d、28 d 的劈裂抗拉强度试验。

③气泡参数测定，包括气泡平均直径、气泡比表面积、单位体积气泡个数、气泡间距系数。

④高压汞测孔（亚微孔结构测试）。

3. 试验方法和机具

（1）除高压汞测孔试验外，其他试验方法均按《水工混凝土试验规程》（SL 352—2006）的有关规定进行。

（2）快速冻融试验采用日产 MIT－1682－l 型混凝土全自动冻融试验机；气泡参数测定采用 XTL－Ⅱ 型照相体视显微镜；高压汞测孔采用高压汞测孔仪进行。

二、试验的原材料

（1）水泥：冀东水泥厂 525 号硅酸盐水泥。

（2）砂：中砂，饱和面干吸水率为 2%。

（3）石：一级配（$D_{max}=20$ mm），饱和面干吸水率为 0.54%。

（4）外加剂：

①引气剂：Z 型、R 型、W 型、D9 型、B 型、P 型，共计 6 种；

②引气减水剂：M 型（木钙）、D3 型、D4 型。

（5）掺和料：北京磨细粉煤灰、唐山硅粉、石家庄膨胀剂。

三、试验结果分析和讨论

1. 分析

10 组混凝土水灰比和含气量相同，仅由于掺用了不同外加剂而形成不同的气泡性质，从试验中可看出：

（1）无论掺用何种类型的外加剂，在试验的范围内，凡是使混凝土含气量增加，在相同水灰比的条件下，均可以明显地提高混凝土的抗冻性。如试验中含气量由 2%(N-O)提高到 6%(N-M)，冻融循环次数由 38 次提高到了 120 次(以相对动弹模下降至 60%为准)。

(2)在相同水灰比(0.50)和相同含气量(5%~6%)的情况下，由于掺用不同的外加剂，在混凝土中形成了性质不同的气泡，所以它们的抗冻性有着明显的差异，最低的(N-M)仅 120 次冻融循环(动弹模下降至 60%)，最高的(N-Z)可达 650 次(动弹模下降至 80%)。

(3)在含气量基本相同的情况下，混凝土的抗冻性主要取决于气泡性质，且与气泡间距系数、气泡比表面积、气泡直径和单位体积气泡个数有较好的相关性。气泡间距系数大于一定数值后，混凝土的抗冻性能将明显地下降。而气泡比表面积越大，气泡直径越小，单位体积气泡个数较多，则混凝土的抗冻性越好。

(4)在相同含气量的情况下，气泡分布的期望值(即孔径分布概率的最高点)越小，则表示气泡直径越小，则混凝土的抗冻性越好。

(5)通过掺用合适的掺和料，可以改善混凝土的气泡性质，从而达到提高混凝土抗冻性的目的。如单掺 M 型外加剂时，抗冻次数仅 120，当掺用粉煤灰等掺和料后，其气泡间距系数与气泡比表面积等均有明显的规律性变化，其抗冻次数也逐步提高。当掺用 10%的硅粉时，其抗冻次数达 300 时，动弹模仍大于 80%。

四、小结

(1)通过本次试验可以看出，对于大坝混凝土抗冻性的控制，只控制含气量和水灰比这两个指标来配制高抗冻性的混凝土是不够的，必须加上气泡性质的控制指标，如气泡间距系数。抗冻混凝土的气泡间距系数一般不超过 400 μm。

(2)国外学者提出的平均气泡间距系数及与混凝土抗冻性的关系，与国内研究成果基本相符，有一定的指导意义。

(3)通过掺用合适的掺和料，可以改善混凝土的气泡性质，从而提高混凝土的抗冻性。掺用硅粉，对改善混凝土的孔结构有较明显的作用，可以较好地提高混凝土的抗冻性。

第三节　高抗冻、超抗冻混凝土

引起混凝土冻融破坏的主要原因是，混凝土微孔隙中的水，在温度正负交替作用下，产生冰胀压力和渗透压力联合作用的疲劳应力。在这种应力的作用下，混凝土产生由表及里的侵蚀破坏，从而降低混凝土强度，影响建筑物安全使用，因此混凝土的抗冻性是混凝土耐久性的重要指标。

混凝土产生冻融破坏有两个必要条件：一是混凝土必须接触水或混凝土中有

一定的含水量；另一个是建筑物所处的自然条件必须存在反复交替的正负温度。只有以上两个条件同时存在，混凝土才有可能产生冻融破坏。由此可见，我国混凝土建筑物可能出现冻融破坏的工程类别主要有水利水电工程、港口码头工程、道路桥梁工程、铁道工程和某些工业民用建筑工程等，而其中的水利水电工程和港口码头工程发生混凝土冻融破坏较为普遍和严重。

国内外对混凝土的抗冻耐久性做了大量的研究，并对其抗冻安全性的几个主要因素，如混凝土的水灰比、含气量、水泥用量等，做出设计规定。针对我国的实际情况，有关部门在钢筋混凝土设计规范中也规定了混凝土的抗冻等级要求：港口工程最高 F350、水利工程 F300、铁道工程 F200，同时对混凝土的含气量、水灰比等也都做了相应的规定。但对配制高抗冻（F300）混凝土，尤其是超抗冻（F600）混凝土的具体技术参数，没有进行相关研究，或做出相应的规定。

本书研究课题旨在结合北方严寒地区混凝土工程的建设，尤其是抽水蓄能电站大坝水位变化区混凝土遭受频繁冻融破坏的现实，以及结合已建成的三峡大坝工程，通过对混凝土的合理设计和宏观、细观、亚微观的试验研究，开发出适合于工程需要的满足快冻 F300 的高抗冻混凝土和快冻 F600 的超抗冻混凝土，同时也进行了第二系列水泥（贝利特硅酸盐水泥）和第三系列水泥（硫铝酸盐水泥和铁铝酸盐水泥）高抗冻混凝土的开发研究。

一、试验研究的方法和采用的原材料

1. 混凝土的快速冻融试验

高抗冻和超抗冻混凝土开发试验采用快速冻融法，混凝土冻融试验在日本产 MIT—1682—1 型全自动混凝土冻融试验机上进行。试件尺寸为 10 cm×10 cm×40 cm 棱柱体试件，试验方法均按《水工混凝土试验规程》(SL 352—2006)进行。

2. 混凝土的气泡特性

为探索高抗冻和超抗冻混凝土的气泡特性，又进行了硬化混凝土气泡参数的测定。混凝土气泡参数测定采用 XTL—Ⅱ型体视显微镜，试验方法按《水工混凝土试验规程》(SL 352—2006)进行。

3. 混凝土的微孔特性的分析

高抗冻和超抗冻混凝土的微孔特性的研究，采用 9612A 型高压汞测孔仪。

4. 试验的原材料

（1）水泥：选用邯郸 525 号普通硅酸盐水泥（R）型、冀东 425 号普通硅酸盐水泥、荆门 525 号中热硅酸盐水泥、石门 525 号普通硅酸盐水泥及 425 号低热矿渣硅酸盐水泥（结合三峡工程）。

（2）砂、石料：选用北京天然河卵石、河砂，另一种为三峡工程的人工砂及碎石（花岗岩）。

（3）掺和料：硅粉和粉煤灰。

（4）外加剂：S型高效减水剂和引气剂。

水泥、硅粉、粉煤灰、砂、石料的品质检验结果均满足《普通混凝土用砂、石质量及检验方法标准》(JGJ 52—2006)和《水工混凝土施工规范》(SL 677—2014)的有关规定，引气剂和减水剂均满足《混凝土外加剂》(GB 8076—2008)的要求。

二、混凝土的配合比设计

1. 配合比的设计要点

高抗冻和超抗冻混凝土的抗冻等级要达到F300和F600，且为快速冻融试验。这一要求是目前国内各部门钢筋混凝土设计规范中的最高要求及尚未规定的超规范要求（水工规范最高抗冻等级为F300，港口规范最高抗冻等级为F350，铁道部门的规范最高抗冻等级为F200）。因此在试验的混凝土配合比设计中突出了以下几个环节：

（1）水泥品种应采用普通硅酸盐水泥或硅酸盐水泥（标号525号及425号）。本项目还进行了贝利特硅酸盐水泥（低热硅酸盐水泥，也称第二系列水泥）、铁铝酸盐和硫铝酸盐水泥（第三系列水泥）混凝土抗冻性的开发研究。

贝利特硅酸盐水泥又称第二系列水泥，是一种新开发的水泥品种。它与普通硅酸盐水泥相比，以硅酸二钙(C_2S)为主，具有低碱度、低水化热、低用水量、后期强度高和耐久性好等特点，因此本项目也进行了贝利特硅酸盐水泥高抗冻混凝土的开发研究。

铁铝酸盐水泥和硫铝酸盐水泥统称为第三系列水泥。第三系列水泥是以适当成分的石灰石、矾土（铁钒土）和石膏为原料，低温(1 300～1 350 ℃)煅烧的C_3A_4S、C_2S和C_4AF为主要矿物组成的熟料，通过掺加适量混合材料（石膏）等进行共同粉磨所制成的水凝性胶凝材料。由于第三系列水泥具有总孔隙率低、早强、高强等特点，因此本项目也进行了第三系列水泥高抗冻混凝土的开发研究。

（2）必须采用优质引气剂和减水剂，尤其是采用优质引气剂更为重要，并且必须达到一定的含气量，才能达到高抗冻和超抗冻的要求。

（3）按国内目前混凝土设计规范要求，抗冻混凝土的水灰比应不大于0.50。

2. 水灰比和含气量的选择

（1）高抗冻和超抗冻混凝土不但抗冻等级要求高，还要考虑混凝土在拌合时的施工因素。因此，在大量初步试验的基础上采用0.50、0.40和0.45三个水灰比。

（2）有抗冻要求的混凝土，必须采用优质引气剂。试验选择三个含气量的等级，即含气量为3%～4%、4%～4.5%、4.5%～5.5%。

三、主要研究成果

1. 混凝土的冻融试验结果分析

(1)采用 525 号普通水泥，水灰比为 0.50、含气量达到 4.5％以上时，混凝土的抗冻等级可以达到 F300，即能达到高抗冻混凝土的要求；而含气量小于 4.5％时，就不能达到高抗冻混凝土的要求。

(2)采用 525 号普通水泥，水灰比为 0.40、含气量达到 4.5％以上时，混凝土的抗冻等级可以达到 F600，即可以成为超抗冻混凝土；而含气量小于 4％时，则达不到 F600 的要求。

(3)采用 425 号普通水泥，水灰比为 0.45、含气量 4％以上，混凝土的抗冻等级可以达到 F300，即可达到高抗冻混凝土的要求；而含气量小于 4％时，则达不到高抗冻混凝土的要求。

(4)采用 525 号贝利特硅酸盐水泥，水灰比为 0.50、含气量达到 5.2％时，混凝土抗冻等级可达 F300，满足高抗冻混凝土的要求。贝利特硅酸盐特水泥混凝土在冻融循环 300 次时，其相对动弹模降低百分率和质量损失率均小于普通 525 号水泥混凝土。

(5)采用 525 号硫铝酸盐水泥、铁铝酸盐水泥，水灰比为 0.50、含气量分别达到 4.9％、5.2％时，抗冻等级均可达到 F300，满足高抗冻混凝土的要求。这两种水泥混凝土在冻融循环 300 次时，其相对动弹模降低百分率和质量损失率都小于普通 525 号水泥混凝土。

(6)根据试验结果分析，可以初步得到下列结论：

①采用 525 号普通水泥配制的高抗冻混凝土，水灰比应不大于 0.5，最小含气量应大于 4.5％。

②采用 525 号普通水泥配制的超抗冻混凝土，水灰比应不大于 0.40，最小含气量应大于 4.5％。

③采用 425 号普通水泥配制的高抗冻混凝土，水灰比应不大于 0.45，最小含气量应不小于 4.0％。

④采用第二系列、第三系列水泥(525 号)配制的混凝土，水灰比为 0.50、含气量达到 5.0％时，同样可配制出高抗冻混凝土，其抗冻能力甚至稍优于普通水泥混凝土。

2. 高抗冻和超抗冻混凝土的气泡间距系数

满足 F300 的高抗冻混凝土气泡间距系数一般均不大于 300 μm，平均气泡间距系数小于 200 μm，但水灰比小的高强混凝土情况可能不同。

3. 高抗冻和超抗冻混凝土的微孔特性

高抗冻混凝土与超抗冻混凝土的宏观含气量虽然基本相同，仅水灰比由

0.50 降低至 0.40，但微孔测试结果相差较大，超抗冻混凝土的总压汞量比高抗冻混凝土小得多，仅是高抗冻混凝土的 56.4%。其原因主要在于，高抗冻混凝土的气孔主要集中在不小于 25 nm 的较大毛细孔，而超抗冻混凝土的孔结构中大于 25 nm 的毛细孔含量要小得多。同时由微孔分布分析也可以看出，超抗冻混凝土的最可几孔径要比高抗冻混凝土小得多。从微孔测试结果还可以看出，高抗冻混凝土和超抗冻混凝土虽然宏观含气量相同，但由于水灰比的降低，超抗冻混凝土的微孔结构得到了进一步的改善，从而混凝土的抗冻性得到进一步的提高。

四、小结

通过宏观、细观与亚微观(孔结构)的研究，人们开发了能满足快冻 300 次即 F300 的高抗冻混凝土和能满足快冻 600 次即 F600 的超抗冻混凝土。

1. 高抗冻混凝土

(1)采用 525 号普通水泥，水灰比不超过 0.50、含气量达到 5%±0.5%、气泡间距系数小于 300 μm 或平均气泡间距系数小于 150 μm 时，混凝土的抗冻强度可以达到 F300，即能达到高抗冻混凝土的要求。

(2)采用 425 号普通水泥，水灰比为 0.45、含气量 4% 以上、气泡间距系数小于 300 μm 或平均气泡间距系数小于 150 μm 时，混凝土的抗冻等级可以达到 F300，即能达到高抗冻混凝土的要求。

(3)采用 525 号贝利特硅酸盐水泥，水灰比为 0.50、含气量达到 5.2% 时，混凝土抗冻等级可以达到 F300，即能达到高抗冻混凝土的要求。贝利特硅酸盐水泥混凝土在冻融循环 300 次时，其相对动弹模损失率和质量损失率都要小于普通 525 号水泥混凝土。

(4)采用 525 号硫铝酸盐水泥、铁铝酸盐水泥，水灰比为 0.50、含气量达到 4.9%、5.2%，抗冻等级均可达到 F300，即能达到高抗冻混凝土的要求。这两种水泥混凝土在冻融循环 300 次时，其相对动弹模、质量损失率都好于 525 号普通水泥混凝土。

2. 超抗冻混凝土

(1)采用 525 号普通水泥，水灰比不超过 0.40、含气量达到 5%±0.5%、气泡间距系数小于 300 μm 或平均气泡间距系数小于 150 μm 时，混凝土的抗冻等级可以达到 F600，即能达到超抗冻混凝土的要求。

(2)第二系列、第三系列水泥混凝土能否达到超抗冻混凝土要求(F600)，以及气泡间距系数的标准等问题，还需今后进一步研究。

第四节 粉煤灰高抗冻混凝土在三峡工程中的应用

三峡水利枢纽工程是国内最大、世界瞩目的重大工程，该枢纽主要建筑物由大坝、电站厂房和通航建筑物三大部分组成。混凝土总量为 2 941 万 m^3，其中包括碾压混凝土 46.2 万 m^3、特种混凝土 50 万 m^3。为了保证三峡大坝具有良好的耐久性和足够的安全运行年限，大坝外部水位变化区混凝土的抗冻等级设计时要求达到 F300，即三峡大坝工程中使用高抗冻混凝土。为此，结合三峡大坝工程进行了大坝高抗冻混凝土的开发研究与成果应用。

一、三峡大坝高抗冻混凝土引气剂的优选

根据高抗冻和超抗冻混凝土开发与研究的成果，配制高抗冻混凝土的关键措施之一是要掺用优质引气剂，以保持一定的含气量，使硬化混凝土达到一定的气泡结构参数。为此，首先进行了结合三峡大坝高抗冻混凝土引气剂的优选试验。

(一)引气剂的品种及优选标准

引气剂的优选标准，主要按《混凝土外加剂》(GB 8076—2008)执行，同时考虑到三峡工程的重要性，在引气剂品种的优选上还需根据引气剂的气泡性质(气泡参数)、起泡能力、气泡稳定性、表面张力等理化指标，以及技术经济指标进行综合的判断优选。

(二)试验项目

根据以上优选标准和三峡总公司的要求，本次优选试验将进行下列项目：

(1)减水率。

(2)新拌混凝土的含气量及其稳定性(0 min、30 min、60 min)。

(3)泌水率比。

(4)抗压强度比(3 d、7 d、28 d、90 d)。

(5)收缩率比(90 d)。

(6)快速冻融试验(相对耐久性指标)。

(7)硬化混凝土气泡参数。

(8)理化指标：表面张力、起泡能力和稳定性。

(三)试验的原材料、配合比及试验方法

1. 原材料

(1)水泥采用荆门 525 号硅酸盐中热水泥。

(2)采用北京当地产的砂石料，砂子细度模数 2.89，石子是粒径 5～32 mm

的碎、卵石。砂石料质量指标符合《普通混凝土用砂、石质量及检验方法标准》(JGJ 52—2006)的有关规定。

2. 试验的混凝土配合比

不掺外加剂的基准混凝土配合比，按外加剂国家标准有关规定确定：水泥用量(310±5)kg/m³、砂率36％～40％。掺引气剂的混凝土配合比，含气量控制在5％～6％，坍落度与基准混凝土配合比相似，为(6±1)cm，砂率比基准混凝土低1％～3％。

3. 试验方法

混凝土的减水率、含气量、抗压强度比、干缩率比、快速冻融，硬化混凝土的气泡参数及引气剂的表面张力、起泡能力、气泡稳定性等项试验，按《混凝土外加剂》(GB 8076—2008)和《水工混凝土试验规程》(SL 352—2006)有关规定进行。

二、三峡大坝粉煤灰高抗冻混凝土配合比的设计及试验分析

(一)大坝高抗冻混凝土配合比设计原则

三峡大坝高抗冻部位主要在大坝外部水位变化区，设计的抗冻等级为F300，混凝土为四级配，试验龄期为28 d和90 d。为降低大坝混凝土的绝热温升，改善混凝土和易性能和节约水泥用量，三峡大坝混凝土必须掺用优质粉煤灰。因此，本项研究实际上进行了三峡大坝高抗冻粉煤灰混凝土的设计及试验。

根据高抗冻和超抗冻混凝土开发研究成果，在三峡大坝高抗冻粉煤灰混凝土的配合比设计中注意了以下三个方面：

(1)高抗冻混凝土必须掺用优质减水剂和引气剂，尤其以引气剂更为重要。混凝土含气量应控制在5％±0.5％。

(2)高抗冻混凝土最大水胶比应限制在0.5以下。

(3)根据以往的研究成果，高抗冻混凝土中粉煤灰掺量不大于30％。

(二)混凝土原材料及试验方法

1. 试验原材料

(1)水泥：荆门525号中热硅酸盐水泥。

(2)砂石料：三峡人工砂、人工碎石(四级配花岗岩)。

(3)粉煤灰：一级灰。

(4)引气剂及减水剂：经优选采用DH9S引气剂和ZB—1A减水剂，以上材料由三峡总公司试验中心提供。

2. 试验方法

(1)高抗冻混凝土抗冻试验采用快速冻融法，试验设备采用日本全自动快速

冻融试验机，混凝土中心冻融温度为$(-17\pm2)\sim(6\pm2)$℃，一次冻融循环时间为3～4 h。混凝土冻融破坏控制指标为：当相对动弹模下降至60％或质量损失率达5％时，冻融循环次数即混凝土抗冻等级。试验方法均按《水工混凝土试验规程》(SL 352—2006)进行。

(2)硬化混凝土气泡参数经测定，采用直线导线法，按《水工混凝土试验规程》(SL 352—2006)进行。

(三)三峡大坝高抗冻粉煤灰混凝土的抗冻试验结果及分析

1. 混凝土抗冻试验结果

由试验可以看出：当使用荆门525号中热水泥，水胶比不大于0.5、含气量在5％～5.5％时，粉煤灰掺量不大于30％，28 d龄期大坝混凝土的抗冻性均能达到F300，即满足高抗冻混凝土的要求。

2. 气泡间距系数测试结果及分析

为了论证三峡大坝高抗冻粉煤灰混凝土的气泡结构，又进行了普通混凝土和掺粉煤灰混凝土的气泡间距系数的试验，由测试结果可以看出，大坝高抗冻粉煤灰混凝土与普通混凝土在含气量相同的情况下，气泡间距系数也基本相同，均在$300\ \mu m$左右，进一步说明大坝粉煤灰混凝土具有良好的抗冻性。

三、小结

(1)通过引气剂的优选，为三峡大坝高抗冻粉煤灰混凝土推荐了优质引气剂。

(2)为三峡大坝外部水位变化区设计试验了高抗冻粉煤灰混凝土，该混凝土28 d能达到F300的抗冻要求。

(3)硬化混凝土气泡间距系数的测定结果，进一步说明了三峡大坝高抗冻粉煤灰混凝土掺用的引气剂和配合比是合理的和先进的。

(4)高抗冻粉煤灰混凝土已经在三峡大坝第二阶段工程中得到应用。

第五节　高强混凝土抗冻性研究

随着高坝和高层建筑物的发展，对混凝土的强度要求越来越高，国内已开发和研制出C80、C100的高强混凝土，并已在工程上得到应用。但是，对高强混凝土的抗冻性(耐久性的主要指标)研究并不多。而国外近年来，随着科技和生产水平的不断发展，混凝土新的原材料也在不断地开发应用，混凝土拌制工艺也不断地改进完善，对于提高混凝土的强度(主要指抗压强度100～150 MPa 范围)已不是大问题。科学家们更加注重对混凝土的其他性能，如硬化混凝土的耐久性(包括体积稳定性、抗渗性、抗冻性、抗腐蚀性能等)的研究。

本研究课题从宏观和微观结构两个方面，初步研究了高强混凝土的抗冻性及其在冻融条件下的破坏规律，为开发研制高强度、高耐久性能混凝土提供了技术基础，也为高性能混凝土在工程中的推广应用提供了依据。

一、研究内容和试验方法

1. 研究内容

研究内容包括：确定高强混凝土和引气高强混凝土的配合比；高强混凝土的抗冻性试验；高强混凝土冻融试验前、后抗压强度、抗折强度、抗拉强度的测试；高强混凝土冻融前后的饱和面干吸水率测定；高强混凝土气泡间距系数的测定；高强混凝土冻融前后微孔参数的测定；高强混凝土冻融过程中电镜观测和水化产物 X 射线衍射试验分析。

2. 试验方法

高强混凝土的抗冻性试验采用快速冻融法，即混凝土中心的冻融温度为 $(-17\pm2)\sim(8\pm2)$℃，一次冻融循环时间为 3 h 左右，试件在冻融试验过程中均处于全浸泡水状态(也称饱水状态)。冻融试验结果采用动弹模和质量损失衡量。混凝土冻融试验在日本产 MIT—1682—1 型全自动混凝土冻融试验机上进行，试件尺寸为 10 cm×10 cm×40 cm 棱柱体试件。高强混凝土强度的测试等试验方法均按《水工混凝土试验规程》(SL 352—2006)进行。

3. 试验的原材料

(1)水泥：选用邯郸 525 号普通硅酸盐水泥(R)型。

(2)砂、石料：粗集料为北京天然河卵石，粒径 5～25 mm，砂为北京地区河砂。另外还选用 10～20 mm 的人工铁矿石集料和 0.5～1.0 mm 的人工铁矿石砂(安徽无为蛟矶磨料磨具厂生产)。

(3)掺合料：硅粉、矿渣粉。

(4)外加剂：选用高效减水剂和 DH9S 引气剂。

水泥、砂、石料的品质检验结果均满足有关国家标准的要求和水工混凝土有关规范的规定，引气剂和减水剂均满足国标《混凝土外加剂》(GB 8076—2008)的要求。

二、高强混凝土的配合比设计

(1)水泥品种：应用普通硅酸盐水泥或硅酸盐水泥，标号为 525 号。

(2)必须采用优质高效减水剂，引气高强混凝土还必须掺用优质引气剂。

(3)为提高混凝土的强度，应掺用硅粉和优质矿粉。

(4)采用较低水灰(胶)比，即 0.22、0.26、0.30。

三、试验结果及分析

(一)高强混凝土宏观特性分析

1. 高强混凝土冻融试验结果及破坏形态

试验结果表明：

(1)C60 高强混凝土的抗冻融能力没有达到 F300，也就是说 C60 高强混凝土并非是高抗冻混凝土。高强混凝土冻融破坏的形态与普通混凝土有很大区别。普通混凝土与引气混凝土在冻融过程中，相对动弹模及质量损失率都随着冻融循环次数的增加而逐步降低，当相对动弹模小于 60％或质量损失率大于 5％时，则表示混凝土发生冻融破坏，这时试件外观有剥落但仍为一整体。而 C60 高强混凝土在冻融循环达 250 次时，相对动弹模仅下降 5％，质量损失为负增长，试件表面无损坏，但在 270～330 次冻融循环中，试件相继发生裂缝，裂缝在试件中部为横向裂缝，即在长度方向把试件分为两截。高强混凝土的冻融破坏形态是裂缝断裂破坏。试验证明，C60 高强混凝土的冻融破坏是突发性的。经初步分析，试件在正负温度交替中产生微裂缝并发展，正是这些微裂缝的存在使试件在冻融过程中质量略有增加，而当混凝土强度不能抵御温度应力的疲劳作用时，裂缝迅速扩展并导致混凝土的破坏，这时的相对动弹模也突然下降。因此，这种破坏形态与普通混凝土有所不同。

(2)在 C60 高强混凝土的基础上，掺用优质引气剂配制成的 C60 引气混凝土具有非常高的超常的抗冻性，经过 1 200 次快速冻融循环，相对动弹模仍为92.6％。由此说明，在高强混凝土的基础上掺用引气剂，可以配制出高强超抗冻的混凝土。这种高强引气混凝土将比普通的高强混凝土具有更好的耐久性。正是由于 C60 引气高强混凝土掺有优质引气剂，混凝土内存在有很微小的气泡，可以限制裂缝的发展，这与普通引气混凝土抗冻机理相似。

(3)C80、C100 高强混凝土具有超常的抗冻性，经快速冻融循环 1 200 次后，其相对动弹模都在 90％以上，质量损失不大或没有变化，试件表面无剥落现象。由此可以看出，当高强混凝土达 C80 以上时，可达到超抗冻的要求。采用低水灰比和掺用高效减水剂配制的高强混凝土(大于 C80)，同样可以具备非常高的抗冻能力。

(4)C100 混凝土具有非常高的抗冻性，快速冻融试验历时 300 多天，经过2 165 次冻融循环才达到破坏。C100 混凝土与 C60 以上高强混凝土冻融过程的破坏特征相类似，即之前相对动弹模和质量损失率基本没有变化，直到最后动弹模突然出现陡降时，混凝土发生冻融破坏，而相对动弹模出现陡降时，混凝土已有较明显的裂缝。

2. 高强混凝土冻融过程中强度、吸水率试验结果分析

试验结果表明：

(1)随着混凝土的冻融循环次数增加，混凝土的强度与未冻之前的强度相比均呈下降趋势，其中反应较敏感的是抗折强度。

(2)C60 高强混凝土经过 270 多次冻融循环后，其抗折强度仅为未冻前的 20.7%，即抗折强度下降了近 80%，此时混凝土已经开始出现裂纹。C60 引气高强混凝土经过 1 200 次冻融循环后，抗折强度也有明显下降，下降了 33%。

(3)C80、C100－1 高强混凝土达 1 200 次冻融循环时，混凝土的抗折强度仅剩 56%～77%；当 C100－2 高强混凝土冻融循环达 2 165 次时，混凝土的抗压、抗折及劈拉强度分别降至原强度的 61.1%、31.4%、67.0%。随着冻融过程的发展，高强混凝土抗压强度，同样呈下降趋势，虽然没有抗折强度下降幅度大，但下降幅度也在 10%～25%。而高强混凝土在冻融过程中动弹模在没有出现裂缝时一直较高，大都在 90% 以上，质量损失很小或出现负增长，但抗折强度却发生了明显下降。因此高强混凝土冻融破坏的评定指标(目前用相对动弹模和质量损失率)尚须进一步研究，特别要结合工程的实际控制指标来综合考虑。

(4)无论是高强混凝土还是高强引气混凝土，饱和面干吸水率均随着冻融过程的发展而增加。C60 高强混凝土冻融时，饱和面干吸水率增加了 61%。C60 引气、C80、C100 混凝土经 1 200 次冻融循环及 2 165 次冻融循环时，吸水率增加了 30%～50%。由此说明，高强混凝土在冻融过程中密实度也是逐步降低的，这与抗折强度的降低是吻合的。

(二)高强混凝土微观和亚微观特性分析

1. 硬化混凝土中气泡特性参数的测试和分析

硬化混凝土中气泡特性参数包括含气量、气泡总个数、气泡的比表面积、气泡平均半径和气泡间距系数等，而与混凝土抗冻性最有相关性的是气泡间距系数和气泡平均半径。试验结果表明：

(1)高强混凝土中硬化气泡特性参数与抗冻性的关系，与普通混凝土不一样。一般认为，普通混凝土中(包括引气混凝土)气泡间距系数超过 300 μm 时，混凝土的抗冻性较差。但高强混凝土如 C80、C100－1、C100－2，气泡间距系数为 588.3～919.0 μm 时，同样具有非常高的抗冻性，抗冻等级在 F1200 以上。而 C60 混凝土的气泡间距系数为 537 μm，小于 C80、C100 混凝土的气泡间距系数，但其抗冻性能较差。因此对高强混凝土来说，气泡间距系数并不能确切地评定混凝土的抗冻性。

(2)高强混凝土中气泡的平均半径与混凝土的强度和抗冻性呈现一定的关系，随着强度等级的提高，气泡平均半径在递降。C60 的气泡平均半径为 1.9×10^{-2} cm，

C80 的气泡平均半径为 1.02×10^{-2} cm，C100 的气泡平均半径为 0.99×10^{-2} cm。对高强混凝土来说，硬化混凝土气泡平均半径小于一定数值时（1.0×10^{-2} cm 左右），其强度等级就可能达 C80 以上，从而抗冻性能可达 F1000 以上及 F2000 以上。

（3）高强混凝土通过引气剂改性，使气泡平均半径降低。C60 的气泡平均半径为 1.9×10^{-2} cm，而 C60 引气混凝土气泡平均半径为 1.0×10^{-2} cm，降低了 50% 左右，气泡间距系数从 537 μm 减小到 327 μm，降低了 40%，这时的 C60 引气混凝土抗冻标号也可达 F1000 以上。

2. 高强混凝土冻融过程中微孔结构试验结果与分析

由试验结果可以看出：

（1）C60 高强混凝土的微孔结构是随着冻融过程逐步增加的，当达到冻融破坏时，累计比孔容明显增加，增加了 28.8%。C60 高强混凝土冻融破坏时，微孔含量增加主要发生在 $10^3\sim10^2$ nm 区域内，相当于 $10^{-6}\sim10^{-7}$ m 的孔径。这一孔径的孔主要为毛细孔，因此，C60 高强混凝土冻融破坏实际是毛细孔的破坏，由毛细孔逐步相互连通发展最后形成裂缝。

（2）由于试验结果 C60 引气混凝土冻融循环 1 200 次尚未破坏，因此，压汞试验结果反映冻融前后混凝土的累计压汞量变化不大。

（3）C80 高强混凝土冻融 1 200 次时，冻融前后累计比孔容增加了 14%，微孔含量的增加范围要比 C60 引气混凝土小得多，微孔孔径在 $10^{-7}\sim10^{-8}$ m 范围内，即极细的毛细孔和较大的凝胶孔。这一结果说明 C80 以上的高强混凝土本身的密实性很好，一般的毛细孔很少，在冻融循环 1 200 次时产生破坏主要是非常细的毛细孔和较大的凝胶孔。

（4）由 C100 高强混凝土冻融过程中微孔结构的测试结果可以看出：C100 高强混凝土有非常高的密实性，普通混凝土（$W/C=0.5$）的累计比孔容达 9.3×10^{-2} mL/g，而 C100 高强混凝土累计比孔容为 2.668×10^{-2} mL/g，仅是普通混凝土的 28.7%。在普通混凝土的微孔结构中孔径 50～250 nm 的孔所占比例较大，而 C100 高强混凝土的微孔主要在 10～20 nm 的区域中。即普通混凝土的微孔主要是毛细孔，而 C100 高强混凝土的微孔绝大部分均为较小的毛细孔和较大的凝胶孔。

（5）C100 高强混凝土冻融过程中在未破坏前比孔容变化很小，由 0 次冻融循环到 1 200 次冻融循环中累计比孔容仅增加 6%，基本没有什么变化，直到 2 165 次冻融循环时累计比孔容才有明显的增长，增长了 49%。增长幅度较大的是 100 nm 以上的大孔和毛细孔，大于 750 nm 的增加了 66.8%，说明 C100 高强混凝土冻融破坏时也会发生微观的破坏特征，即会出现微观裂缝。

3. C100 高强混凝土电镜测试及 X 射线衍射测试分析

经电镜分析，高强混凝土在冻融前和冻融后，水化产物的结构没有多大变化，密实性有所降低。混凝土冻融破坏的关键是出现了裂缝，即高强混凝土的冻融破坏过程是一个混凝土内部微裂缝(孔)发展直至出现宏观裂缝的过程，表现为动弹模突然下降而破坏。

水化产物及成分的 X 射线衍射测试分析表明，C100 高强混凝土在冻融过程中 C. S. H 凝胶体、$Ca(OH)_2$ 及 C. A. S. H 晶体等水化产物基本没有发生变化，混凝土的冻融破坏是一个物理变化过程。

四、小结

(1)C60 高强混凝土并非高抗冻混凝土，其抗冻性不能满足 F300 的要求，但 C80、C100 等级的高强混凝土具有超常的抗冻性，其抗冻标号为 F1200 以上，甚至 F2000 以上。

(2)高强混凝土冻融破坏的形态与普通混凝土有很大区别，在冻融过程中并不表现出相对动弹模或质量损失(表面剥落)的逐步增加，而是到某一冻融循环次数时出现横向裂缝，再发展时相对动弹模徒然下降。由此初步说明，高强混凝土的冻融破坏机理与普通混凝土有差别，高强混凝土的冻融破坏的主要因素很可能是冻融过程中正负温度交替变化而产生的疲劳应力所造成的。

(3)当高强混凝土采用引气剂改性后，引气高强混凝土将比一般的高强混凝土具有更高的抗冻性。

(4)高强混凝土冻融过程中，抗折强度将在一定冻融循环次数后出现明显的下降，而且比相对动弹模和质量损失反应更加敏感。因此对于高强混凝土，尤其是抗折(抗弯)强度为控制指标的混凝土结构，其抗冻融破坏指标不宜使用动弹模和质量损失，建议增加抗折强度为控制指标。

(5)气泡间距系数与高强混凝土的抗冻性没有明显的相关性，但气泡平均半径却在一定程度上反映了高强混凝土的抗冻性，当气泡平均半径小于 0.01 cm 左右时，高强混凝土将具有超抗冻的特性。

(6)C60 高强混凝土在冻融过程中微孔结构的破坏，主要是毛细孔的破坏，但 C80、C100 高强混凝土在冻融过程中可能是非常细的毛细孔和较大凝胶孔的破坏。

(7)经电镜及 X 射线衍射分析，C100 高强混凝土在冻融前和冻融后，水化产物的成分和结构没有产生大的变化，密实性有所降低并出现裂缝，即高强混凝土的冻融破坏过程是一个内部微裂缝(孔)的发展直至出现宏观裂缝的过程，表现为动弹模突然下降而破坏。

高强混凝土是一种近年来新发展的特种混凝土，高强混凝土的抗冻性研究也是新的研究领域。从本书研究的初步结果可以看出，从高强混凝土的冻融破坏机理到冻融过程的控制指标等，其冻融特性都与普通混凝土有较大的区别，将在今后的研究中继续探讨。

第六节　混凝土抗冻性定量化设计与施工

一、概述

混凝土建筑物所处环境，凡是有正负温交替和混凝土内部含有较多水的情况，混凝土都会发生冻融，以致疲劳破坏，因此混凝土的冻融循环次数是混凝土耐久性中最具代表性的指标之一。为此，国内外众多学者在混凝土冻融性能上，从宏观到亚微观（气泡参数等）均做了大量的研究，也制定了混凝土建筑物在不同环境运行条件下的抗冻耐久性设计要求。美国、日本等国在混凝土抗冻性设计要求上，实行了统一模式制，即无论环境条件如何，混凝土耐久性的要求都是300次冻融循环，相对耐久性指数不低于80%，而欧洲和我国是根据建筑物所处的环境条件设立不同抗冻等级的设计要求，即等级模式制。两种设计模式的特点如下：

1. 统一模式制

（1）无论建筑物的类型、等级及环境条件，均采用较高的抗冻耐久性要求，即从总体上提高了建筑物混凝土的耐久性要求。

（2）由于抗冻安全性技术条件的基本统一，采用的技术措施、施工工艺要求及质量检测方法等也基本一致，便于混凝土的设计、施工以及原材料的质量控制和商品化生产。统一模式制的技术保证主要有三个方面：①掺用优质引气剂使混凝土达到一定的含气量；②控制混凝土的水灰比不超过一定值（如0.50）；③控制混凝土中最低胶凝材料（水泥等）用量。

（3）这种模式也存在一定的缺陷，即对于冻融条件要求非常苛刻，建筑物混凝土耐久性要求特别高的混凝土结构，即使达到这种模式的指标要求，在实际运行中耐久性也可能存在问题。如寒冷地区冻融频繁的水工混凝土、港工混凝土和道路混凝土（包括桥梁）等，在300次快速冻融循环相对耐久性指数80%的情况下仍可能不能满足建筑物混凝土安全运行的要求。

2. 等级模式制

（1）混凝土的抗冻等级，从理论上能比较好地符合建筑物混凝土的实际要求。条件严酷的地区抗冻等级要求高，温和地区抗冻等级要求低，混凝土的抗冻安全性相对合理和科学。

（2）满足一定抗冻等级的混凝土的技术条件，也主要是通过混凝土中含气量、水灰比及最低水泥用量这三个指标来控制的。

（3）根据设计确定的抗冻等级，要进行一系列的试验，确定混凝土一定的技术条件，因此可能增加试验的工作量和施工控制的难度。

半个多世纪的实践表明，我国混凝土整体耐久性偏低，现有的抗冻等级不能满足混凝土结构长期耐久安全运行的要求。凡是正负温交替的地区，均存在混凝土的冻融破坏问题，以东北、华北、西北地区较为严重，工程类别中又以水工、港工、路桥较为突出。因此，如何从整体上提高我国建筑物混凝土的抗冻安全性问题，已成为迫切需要解决的问题。无论是美、日的统一模式制还是欧洲及我国的等级模式制，均是对混凝土抗冻耐久性的相对定性要求，都不能表明按此设计要求的混凝土结构在冻融环境下的安全运行年限。因此从 20 世纪 90 年代起，美国、日本和欧洲国家开始了以安全运行寿命为目标的抗冻耐久性设计的研究，即混凝土耐久性定量化设计的研究。如美国加州公路局提出了道路混凝土安全运行 30 年的设计要求，英国建筑研究所提出了工业混凝土建筑物安全运行 50 年设计标准的研究。1996 年，以芬兰专家 A. Sarja 和 E. Vesikari 为首的材料及结构试验室国际联合会(RILEM)，组织荷兰、瑞士、法国、挪威、西班牙、日本等国的混凝土专家组成专家委员会，编写并出版了《混凝土结构的耐久性设计》一书，初步提出了与安全运行寿命相关的混凝土耐久性定量化设计方法。我国新颁布的《混凝土结构设计规范(2015 年版)》(GB 50010—2010)，提出了在室内正常环境(一类环境)下使用寿命 100 年时的主要相关技术要求，但对其他环境如室内潮湿环境、露天环境、严寒或寒冷环境、海水和有除冰盐环境等(二、三、四、五类环境)均未提出具体要求。由于混凝土结构以寿命为目标的耐久性设计的迫切性和复杂性，混凝土耐久性定量化设计的研究已逐步成为国内外混凝土结构耐久性研究的热点，而真正要实现混凝土结构以寿命为目标的耐久性定量化设计，必须解决以下问题：

(1)混凝土结构建筑物等级及安全使用年限指标的合理确定。这些指标主要应由建设单位、政府部门等统筹规划确定。

(2)混凝土结构运行条件及衰变规律的确定。运行条件既包括荷载条件又包括环境条件。荷载条件主要与结构的功能有关，而环境条件主要包括结构所处环境的温度、湿度、年冻融循环次数，以及是否有侵蚀性介质及侵蚀介质的类别含量等。运行条件是决定混凝土衰变老化直至破坏的外部因素，也是混凝土以寿命为目标的定量化设计的关键依据。对混凝土结构在不同运行条件下的衰变规律及其数值化(往往是多因素作用下的衰变规律)，国内外虽已取得了初步的研究成果，但尚未广泛深入研究。

(3)混凝土结构耐久性安全运行年限破坏标准的确定。一般认为，混凝土结构在一定环境条件下满足设计功能要求安全运行而不大修的年限，为其耐久性安全运行寿命。这里有三个必要条件：一是在一定的环境条件下；二是满足设计功能要求；三是不包括大修(即不修不足以确保工程按设计要求安全运行的修补工作)以后的运行年限。因此针对不同的混凝土结构、不同的运行条件，会有不同的破坏标准，而破坏标准如何确定，目前尚处于研究阶段。

（4）室内标准试验方法的确定以及室内外关系的确定。标准的室内试验方法是耐久性设计具体指标的检测标准，而室内试验与混凝土结构在运行条件下衰变规律的关系又是耐久性定量化设计的关键依据。由于混凝土定量化设计必须解决以上几方面的主要问题，而以上问题虽有初步研究成果又处于需深入研究和实践检验的阶段，因此混凝土结构耐久性设计及施工的研究成果尚属初级阶段。

（5）达到定量化设计要求时混凝土材料的技术要求。通过经验的积累和深入的研究，提出按耐久性寿命设计要求的混凝土材料技术要求，包括原材料和配合比及主要的施工技术措施。

（6）按运行年限要求的混凝土养护要求。指为达到设计规定寿命而必须采取的混凝土结构养护维护要求。

二、混凝土冻融的试验方法

混凝土冻融的室内试验方法，国际上最有代表性的并作为耐久性设计要求的有两大类。一类为快速冻融法（快冻法），这是美国、日本、加拿大等国采用的方法，以美国 ASTM C666－1992 为代表；另一类为慢速冻融法（慢冻法），以苏联 POCT10060－1976 为代表。我国各部门的混凝土抗冻试验方法也主要是这两类。经国内各部门的多年实践总结，慢冻法存在试验周期长、试验误差大、试验工作量大等问题，更主要的是以慢冻法为依据的抗冻指标不能满足混凝土的耐久性要求，因此，水工、港工、铁道、公路、市政等部门在设计及试验规程中，均把快冻法列为混凝土的抗冻试验标准，而取消了慢冻法。混凝土结构冻融耐久性设计，对水工、港工、铁路、公路、市政、路桥这些暴露工程是十分重要的，因此在混凝土结构冻融耐久性定量化设计时，选定以快速冻融试验方法为室内试验的标准方法。

三、混凝土冻融破坏标准的探讨

冻融破坏标准的确定，是混凝土冻融耐久性定量化设计的基础，也可以说是混凝土经冻融而判定为破坏的终点。在室内试验方法中，快冻法是以混凝土动弹模降至 60％或质量损失率（失重率）达 5％时，即认为混凝土已经冻融破坏。笔者在混凝土冻融破坏机理的研究中，进行了混凝土冻融过程中相对动弹模损失率及失重率与抗压强度、抗拉强度、抗折强度等关系的试验研究。初步结果得出：对普通混凝土，冻融过程中失重率变化不明显，但相对动弹模下降很快。当相对动弹模损失 40％时，混凝土的抗拉强度损失 50％左右，抗折强度损失 70％左右，抗压强度损失 16％左右。而对引气混凝土，在冻融过程中相对动弹模与失重率均有下降。当相对动弹模下降40％时，引气混凝土的抗拉强度损失70％左右，抗折强度损失65％左右，抗压强度损失50％左右，此时失重率3％左右。因此，国内各工程部门初步将混凝土动弹模下降40％(剩余60％)和表面剥蚀质量达5％，作为混凝土结构冻融耐久性的破坏标准。

四、混凝土冻融破坏室内外关系的初步研究

在室内试验方法和冻融破坏标准初步确定的基础上，进行室外环境冻融条件下的混凝土结构破坏与室内冻融试验条件下的破坏之间相互关系的研究，就成为解决混凝土结构冻融耐久性定量化设计的一个关键。

"九五"计划期间，结合国家攻关项目"重点工程混凝土安全性的研究"，为探讨混凝土冻融破坏的关系，在北京十三陵抽水蓄能电站建立了混凝土抗冻耐久性的现场试验基地，进行了不同品种、不同方位、不同冻融时间混凝土冻融的室内外对比试验。

从室内外试验结果对比初步推定的相关关系，可以看出：

(1)同种类别不同施工条件的混凝土，按现行国内各部门混凝土试验规程所定的快速冻融试验方法(类似ASTM C666)，室内外的对比关系为1：10～1：15，平均为1：12，即室内1次快速冻融循环相当于自然条件下12次冻融循环。

(2)从混凝土类别来分析，非引气混凝土(普通混凝土)与引气混凝土在室内外关系上有一定差别。含气量较大的引气混凝土，其室内外比例系数为13.5，而含气量较小的非引气混凝土的比例系数为11.3，似乎引气混凝土的室内外比例系数要比非引气混凝土高一些。即引气混凝土不仅在室内试验中，抗冻等级要比普通混凝土高得多；在室外环境运行条件下，其安全运行的寿命提高的比例比室内试验大。因此对有抗冻要求的混凝土掺用优质引气剂是非常重要的。

(3)按目前平均室内外比例系数12来分析，十三陵抽水蓄能电站按设计标准配合比，施工质量良好的混凝土，其室内实际可达到的最高冻融循环为600次，室外的安全运行冻融循环大于7 200次。十三陵抽水蓄能电站目前运行状态，一年平均冻融循环为100次左右。因此，上池钢筋混凝土面板施工质量良好的部分，其抗冻安全运行寿命为70年左右。但施工中质量控制不好、水灰比偏大、含气量偏小的混凝土，其室内冻融循环仅为150次，相当于室外的1 800次，即对于施工质量不良的混凝土面板，其抗冻安全运行寿命只能为18年左右。对施工和运行中存在缺陷(如裂缝等)的混凝土面板，其抗冻安全运行寿命将会更短。因此，十三陵抽水蓄能电站必须继续加强对上池钢筋混凝土面板质量的跟踪检测工作，做好预先防护和及时处理，确保工程的整体安全运行。

(4)由于现场检测工作时间尚短，因此目前推定的关系只是一个初步的结果，此项检测研究工作还将继续进行。

五、我国典型地区气温统计结果

混凝土结构所处环境和运行条件是混凝土耐久性定量化设计的重要依据，因此对我国不同地区的气温条件及每年可能发生的冻融循环次数做了初步的统计分析(此项工作特委托中国气象局协助进行)。我国四个可能发生混凝土冻融破坏的有代表性的地区：北京(华北)、长春(东北)、西宁(西北)、宜昌(中南)。

由近50年的统计资料可以看出：

(1)4个地区中最南端的宜昌也有负温天气，即遇水的混凝土建筑物均可能出现冻融，因此混凝土的抗冻安全性问题，对我国混凝土建筑的耐久性是一个非常普遍、非常重要的问题。

(2)从年温差统计结果可以看出，纬度越高，年温差越大。东北地区年温差高达66.5℃，北京和西宁达50℃，宜昌达41.8℃，这就说明我国大部分地区年温差幅度是较大的，由温度变化引起的混凝土疲劳应力也是比较大的。因此混凝土的耐久性问题，在我国是一个比较突出的问题。

(3)根据统计资料分析推定，我国不同区域可能出现的年平均冻融循环次数为：东北地区120次/年，华北地区84次/年，西北地区118次/年，华中地区18次/年，华东地区接近于华北和华中地区，华南地区基本为无冻区。

六、我国混凝土抗冻耐久性的定量化设计

根据混凝土抗冻安全性建立的模式框图、不同建筑物的安全运行年限、不同地区的冻融循环状态及混凝土抗冻性的室内外关系，就可以进行混凝土抗冻耐久性初步的定量化设计，即根据混凝土的安全运行寿命来设计混凝土的抗冻等级。

针对我国的实际情况，要满足安全运行寿命要求，在东北、西北和华北地区，特别是对安全运行寿命要求较长的建筑物，混凝土的抗冻等级将比现行设计要求有较大的提高。同时，抗冻性定量化设计中的安全系数 K 如何确定，尚需做深入的研究。

七、混凝土抗冻性的统计模型与抗冻耐久性定量化设计的技术条件

(一)混凝土抗冻性的统计模型

国内外大量的研究和工程实践证明，影响混凝土抗冻性的主要因素是混凝土的含气量和水灰比，同时也与掺和料(粉煤灰等)的掺量、质量以及混凝土中气泡性质(气泡参数)和总体胶凝材料用量等因素有关。

混凝土中的含气量与混凝土的抗冻性呈幂级数关系，水灰比与抗冻性呈指数函数关系，这两者均为混凝土抗冻性的主要影响因素，而粉煤灰掺量(f)的影响

较小。由于统计资料有限，尤其是粉煤灰品质的影响，包括的影响因素还不够，尚须在更多的试验研究和实践的基础上逐步完善。

(二)混凝土抗冻耐久性定量化设计的技术条件

1. 混凝土抗冻安全性的技术条件

混凝土抗冻安全性的技术条件：满足一定抗冻等级设计要求的混凝土应具备的技术参数和施工要求，主要包括原材料的要求、混凝土配合比的要求和施工质量的控制。

2. 抗冻安全性混凝土对原材料的要求

根据我国各部门多年来的研究和实践证明，为了保障混凝土的抗冻安全性，在原材料上主要有以下要求：

(1)水泥品种应采用硅酸盐水泥和普通硅酸盐水泥，在抗冻设计等级上小于F100的温和地区也可采用矿渣硅酸盐水泥，水泥一般应为 525 号，温和地区可采用 425 号。

(2)凡是有抗冻等级要求的混凝土，应掺用优质引气剂或引气减水剂，引气剂和引气减水剂的质量必须符合《混凝土外加剂》(GB 8076—2008)中的要求。

(3)必须采用清洁和坚固密实的砂石集料，砂石集料质量应符合有关规范的要求。

(4)有抗冻要求的混凝土可以掺用粉煤灰，其品质指标应符合《粉煤灰混凝土应用技术规范》(GB/T 50146—2014)中一、二级灰的标准，有条件的地区尽量选用一级粉煤灰。高抗冻混凝土中粉煤灰掺量以不超过胶凝材料总量的 30% 为宜。

(5)原材料方面的其他要求，应符合各部门有关的标准。

3. 抗冻安全性混凝土对配合比的要求

抗冻安全性混凝土在配合比方面的技术要求，主要是混凝土的含气量、水胶比以及硬化混凝土的气泡间距系数。

4. 抗冻安全性混凝土施工质量的要求

(1)有抗冻等级要求的混凝土，施工时必须进行混凝土拌合物机口含气量的测定并做好施工记录，每班测量次数不少于 2 次，其变化范围应控制在±0.5%以内。

(2)有抗冻等级要求的混凝土，施工时应在机口随机取样进行抗冻等级的检验。取样数量应根据建筑物的等级、工程量、抗冻要求等，由工程师单位(设计方)与施工承包方商定。

(3)其他施工质量控制的要求，应符合各部门混凝土施工规范的要求。

根据以上原材料、配合比和施工质量控制要求进行设计和施工的混凝土，其抗冻安全性可达到一定的寿命要求。

八、小结

（1）我国国土的绝大部分在地球北回归线以北，属北温带地区，其中西北、东北及华北地区属严寒和寒冷地区，混凝土结构的冻融破坏非常普遍。因此，抗冻性是混凝土结构耐久性最有代表性的指标，而要确保混凝土结构的安全运行寿命，其首要就是要进行混凝土抗冻耐久性的定量化设计。

（2）"重点工程混凝土安全性研究"中混凝土抗冻性专题的研究，初步提出了适合于我国国情的以安全寿命为目标的混凝土结构、混凝土抗冻性定量化设计方法及相关的技术条件。这一成果对提高和保证我国不同地区混凝土工程的抗冻耐久性有普遍的指导作用，同时对混凝土结构以寿命为目标的耐久性研究工作起到推动作用。

（3）混凝土结构抗冻耐久性的定量化设计和施工是一个很复杂的问题，目前的成果尚属初步，仍须进行深入的研究并在实践中不断完善。

第三章　混凝土渗漏溶蚀研究

第一节　压力水下混凝土渗漏溶蚀的机理

一、概述

水工混凝土建筑物在运行过程中，由于受到水、大气、侵蚀性介质和正负温度的反复作用，从而产生老化和各种病害。20世纪80年代中期的全国水工混凝土耐久性及病害调查表明，渗漏溶蚀是水工混凝土建筑物因耐久性不良而出现的主要病害之一。

在调查的32座大坝中，每座大坝均存在不同程度的渗漏并引起了溶蚀。如丰满水电站大坝，20世纪50年代初期大坝渗漏量多达273 L/s。1974年和1984年对渗漏水中离子含量分析测试，结果表明，每年从坝体混凝土中溶出的离子含量(主要是钙离子)就高达9 t，从坝基帷幕中溶出的离子含量达6.48 t，即每年从整个大坝混凝土中溶出的离子总量达15.48 t。为解决坝体和坝基的渗漏问题，丰满发电厂进行了多次水泥灌浆处理，平均每年灌入的水泥量高达118 t。丰满水电站地处严寒地区(吉林省)，由于坝体大量渗漏又引起了大坝混凝土的严重冻融剥蚀破坏和冻胀破坏。为确保大坝的安全运行，水利电力部和东北电力局投入巨资，从1990年开始对大坝进行了全面的防渗加固处理。

对混凝土渗漏溶蚀的研究，国外以苏联进行得较早和较多。贝科夫于1926年发表的论文中指出，"任何以波特兰水泥制成的混凝土建筑物，都必然经受石灰的浸析作用，并在一定期限内丧失全部胶凝性而遭受破坏"。斯克雷尼科夫于1933年曾形象地把混凝土的溶蚀破坏称为"白死病"，这是指由于渗漏使混凝土中 $Ca(OH)_2$ 产生了溶出，并与空气中的 CO_2 反应生成白色的 $CaCO_3$ 结晶。金德在1937年发表的论文《水工结构中混凝土的腐蚀》中进一步指出混凝土浸析破坏的危险性。莫斯克文在1952年和1980年分别出版了混凝土腐蚀的专著，其中对混凝土溶蚀的试验方法、影响因素、抗溶蚀混凝土的结构和安全渗透系数的设计进行了论述，同时也对混凝土产生渗漏溶蚀破坏的机理进行了理论性的探讨。美国垦务局从20世纪40年代开始，也进行过大坝混凝土渗漏溶蚀的研究，初步探讨了混凝土溶蚀对抗压强度的影响，以及养护龄期等因素对渗漏溶蚀的影响。之后美国的一些学者也曾进行过大坝裂缝渗水处混凝土芯样破坏情况的研究。我国对混凝土渗漏溶蚀的实际试验研究工作开展得较晚，人们对水工混凝土建筑物的渗漏问题虽然一直非常重视，但对渗漏会引起混凝土的溶蚀破坏认识还很不够。直到 20 世纪 70 年代后期，李金玉结合防渗墙混凝土耐久性的研究，在国内首先进行了混凝土的溶蚀试验，并在 1986 年发表了有关混凝土溶蚀试验的论文《对防渗墙"双掺"混凝土耐久性的探讨》。此后李金玉又与关英俊教授和徐文雨合作，进行了大坝混凝土渗漏溶蚀的研究，并在 1990 年国际混凝土学术交流会上发表了论文。但是，无论在国外或国内，对混凝土渗漏溶蚀破坏机理的专门研究都较少，而且试验采用的方法大都是浸析法或渗淋法（即用水泥净浆或砂浆小试块，在水中浸泡或无压水渗淋），与水工混凝土在压力水作用下产生的渗漏和内部溶蚀的实际情况差距较大。而国外早期的研究，限于当时的试验手段，没能进行渗漏溶蚀对混凝土微孔结构、水化产物成分和微观形态的研究。

二、研究方法

本项研究采用混凝土实体，在压力水作用并产生渗漏的条件下，进行混凝土渗漏溶蚀的研究，具体试验方法如下：

(1)混凝土实体采用二级配混凝土 $\phi 15\ cm \times 15\ cm$ 圆柱体试件，水泥为大同普通水泥 525 号，砂石料为北京产河砂及卵碎石。

(2)混凝土在压力水作用下的渗透试验，在压力式混凝土溶蚀仪上进行。

(3)混凝土中 $Ca(OH)_2$ 的溶出量，采用化学滴定法，滴定液为盐酸，指示剂为酚酞酒精溶液，通过滴定计算出混凝土中 $Ca(OH)_2$ 的溶出量(以 CaO 计)。

(4)混凝土抗压强度的测试采用标准方法[《水工混凝土试验规程》(SL 352—2006)中 5.0.3 条]和非破损法结合进行，非破损法通过测定试件的动弹模(共振频率)和超声波传递速度，并建立其与强度的相应关系来测定抗压强度。

(5)混凝土饱和面干吸水率是混凝土中孔结构和密实度的一个间接指标，饱和面干吸水率越大，则表示混凝土孔隙含量越大，且密实度越小。

(6)混凝土微孔结构的测试采用 90 A 高压汞测孔仪，最大压力 400 MPa，最小测试孔径 2 nm。

(7)溶蚀前后试样的差热分析和扫描电镜分析，在北京市理化分析中心进行。

三、多功能混凝土压力式溶蚀仪的研制

为解决本项研究所需的基本设备，李金玉等人和天津建筑仪器厂联合开发研制了一种多功能混凝土压力式溶蚀仪。

1. 仪器的功能

(1)使压力水通过混凝土试件内部，并产生渗漏和溶蚀作用。

(2)方便而准确地调整水压力，最大水压可达 6 MPa。

(3)测定一定时间内通过混凝土的渗漏量。

(4)在试验过程中，根据需要完整、方便地将混凝土试件取出和放回。

(5)仪器有较好的稳压效果，稳压精度不大于 0.001 MPa。

由于该仪器具备以上功能，因此它不仅可以进行混凝土渗漏溶蚀的研究，而且可以进行混凝土渗透系数和抗渗等级的测定。

2. 仪器的结构

多功能混凝土压力式溶蚀仪包括如下系统：

(1)压水系统：由压力源(水泵或高压气罐)和水箱组成，保证提供一定压力的水源。

(2)加压和稳压系统：由稳压罐和数显式压力控制器组成，压力值的调整和稳压均通过由模拟电路控制的按键式数显压力控制器来进行，最大压力可达 6 MPa，稳压精度 0.001 MPa。

(3)密封系统：由密封罐、密封套和混凝土试件($\phi15$ cm$\times$15 cm)组成的密封系统是该仪器的关键结构，它既要保证试件的周边密封，让压力水只可能通过混凝土顶面渗入而从底面流出，同时又要保证试件随时可以完整地从密封系统中取出，进行非破损性能测试。

(4)渗漏水收集计量系统：由接水漏斗、胶管和量筒组成，可完整地收集通过混凝土试件的渗漏水并计量。

(5)计时系统：即电子表，可进行渗漏过程中时间的计量。

四、预备性试验

为了较准确地探索随着 CaO 的流失而引起的混凝土宏观特性的变化规律，尽量消除同一配比不同试件间的系统误差，研究中采用了对混凝土试件进行非破损的强度测试方法，即预先建立混凝土抗压强度、抗拉强度与试件共振频率和超声波传递速度的关系函数，通过不同溶蚀阶段试件共振频率、超声波传递速度的测试，得出不同阶段的强度特性。

五、混凝土溶蚀过程中的宏观研究

1. 混凝土在压力水作用下的溶蚀过程

混凝土在压力水作用下的溶蚀过程中是以一定压力下，连续测定渗漏水中溶出的 CaO 含量来表示的，试验压力为 2 MPa。

混凝土在压力水作用下产生渗漏时，CaO 的溶出量初期较小，呈逐步增长趋势，到一定时间以后（约 50 d）溶蚀速度（曲线斜率）基本不变，溶蚀曲线呈直线段，而到后期（约 100 d）溶蚀速度又逐步降低，溶蚀曲线呈平缓趋势。

2. 溶蚀过程中混凝土宏观特性的测试

混凝土宏观特性的测试是在 CaO 不同溶出阶段时进行的：第一阶段为混凝土中 CaO 溶出 6％左右；第二阶段为 CaO 溶出 16％左右；第三阶段为 CaO 溶出 25％左右。

混凝土宏观特性的测试包括抗压强度、抗拉强度和饱和面干吸水率三个指标。抗压强度和抗拉强度的测试采用共振频率法和超声波速法两种非破损方法测试，同时也进行抗压强度、抗拉强度标准方法的测试。

由试验结果可以看出：

(1)混凝土的抗压强度随着混凝土中 CaO 的不断溶出而降低。CaO 溶出 6％时，抗压强度下降 11.5％；CaO 溶出 16％时，抗压强度下降 25％；CaO 溶出 25％时，抗压强度下降 35.8％。

(2)混凝土抗拉强度降低速度要比抗压强度快。当 CaO 溶出 6％时，抗拉强度下降 44.7％；CaO 溶出 16％时，抗拉强度下降 59.6％；CaO 溶出 25％时，抗拉强度下降 66.4％。因此说明混凝土中 CaO 的溶出，对抗拉强度有着更明显的影响。

(3)随着混凝土中 CaO 的溶出，混凝土的饱和面干吸水率逐步增大。当 CaO 溶出 6％时，吸水率增大 21％；CaO 溶出 16％时，吸水率增大 53％；当 CaO 溶出 25％，吸水率增大 90％。由此说明随着 CaO 的溶出，混凝土中的孔隙在不断增加而密实度不断降低。

六、混凝土溶蚀过程中的微观研究

1. 混凝土溶蚀过程中微孔结构的研究

用高压汞测孔仪对不同溶蚀阶段的混凝土样品进行了微孔结构的研究，由测试结果可以看出：

(1)未溶蚀前混凝土试样的累计比孔容最小，每克样品总压汞量为 49.09×10^{-2} mL，而随着混凝土中 CaO 的溶出，累计比孔容在逐步增大。当 CaO 溶出达 25％时，累计比孔容达 69×10^{-2} mL/g，比溶蚀前增大 41％。由此说明随着混凝土中 CaO 的溶出，混凝土的微孔结构含量在逐步增加，混凝土的密实度在不断降低。

(2)由溶蚀过程中孔分布情况分析，未溶蚀前试样中小孔含量百分率较高，大孔含量百分率较低。而随着溶蚀过程的发展，小孔含量逐步降低，大孔含量逐步增加，孔分布中的最可几孔径 7.5 nm 增加到 50 nm、75 nm 直到 100 nm，水化产物中相当一部分胶凝孔被破坏，扩大而成为较大的毛细孔。

2. 混凝土溶蚀过程中的差热分析试验

差热分析试验是根据不同物质具有不同的热效应温度这一原理来测定样品成分和相对含量的。

混凝土在溶蚀过程中，水化产物的组成发生明显的变化，$440\sim520$ ℃范围是 $Ca(OH)_2$ 热分解的特征值。随着 CaO 的溶出，试样中的 $Ca(OH)_2$ 逐步降低，说明混凝土水化产物中的 $Ca(OH)_2$ 逐步减少。

3. 混凝土溶蚀过程中的电镜分析

电镜分析主要是观察混凝土溶蚀过程中水泥水化产物的结构，混凝土未经溶蚀前是一个水化产物相互胶结、相互堆积的密实体，而随着 CaO 的溶出，水化产物的密实度逐步降低，水化产物的凝胶团由粗大而变成分散、细小，逐步丧失胶凝作用。

七、小结

(1)混凝土在压力水作用下产生渗漏溶蚀，实际上是混凝土中水泥水化产物 $Ca(OH)_2$ 随着渗漏而不断流失，而引起混凝土产生的一种内在的本质性的病害。

(2)在压力水作用下，混凝土中 $Ca(OH)_2$ 的流失速度在初期逐步增大，中期基本稳定，而后期又逐步呈下降趋势。

(3)随着混凝土中 $Ca(OH)_2$ 的不断流失，混凝土的抗压强度和抗拉强度将不断下降，当 $Ca(OH)_2$ 溶出(以 CaO 量计)达 25% 时，混凝土的抗压强度将下降 35.8%，抗拉强度将下降 66.4%，溶蚀对混凝土抗拉强度的影响更为明显。

(4)随着混凝土中 $Ca(OH)_2$ 的不断流失，混凝土的宏观密实度将不断下降，当 $Ca(OH)_2$ 溶出达 25% 时，混凝土饱和面干吸水率将增大 90%。

(5)混凝土的溶蚀过程是一个较为复杂的物理化学反应过程，随着溶蚀的发生和发展，混凝土的微观成分和微孔结构将不断地发生变化，$Ca(OH)_2$ 的溶出使水泥水化产物中的 $Ca(OH)_2$ 含量不断下降，从而引起水化硅酸钙、钙矾石等水化产物的凝胶体和结晶体不断分解，而逐步失去胶凝性。混凝土的微孔结构也由含孔量较少(49.09×10^{-2} mL/g)、孔径较小(7.5 nm)的密实体，逐步发展为含孔量较多(69×10^{-2} mL/g)、孔径较大(100 nm)的疏松体。微观测试的结果与宏观性能测试的结果是相互印证的。

(6)混凝土在压力水作用下渗漏溶蚀的研究在国内尚属首次，研究工作还有待于进一步深入和完善。

第二节　混凝土抗渗漏、抗溶蚀技术
及其在三峡大坝工程中的应用

一、压力水下混凝土抗渗漏、抗溶蚀技术的研究

(一)抗渗漏、抗溶蚀的技术路线

本项研究从混凝土材料的改性及混凝土材料的防护两个方面进行抗渗漏、抗溶蚀性的研究。

1. 混凝土本体材料的改性

(1)第二系列和第三系列水泥的混凝土。

(2)粉煤灰混凝土。

(3)引气剂混凝土。

2. 混凝土材料的表面防护

(1)EVA 复合涂层防护。

(2)丙烯酸涂层防护。

压力水下混凝土的溶蚀试验，均采用 $\phi15\text{ cm}\times15\text{ cm}$ 的圆柱体试件，在混凝土压力式溶蚀仪上进行，水压维持 2 MPa，每天测渗漏量，并对溶出水进行 CaO 溶出量的化学分析。

(二)抗渗漏、抗溶蚀技术的试验结果

(1)在本体材料改性技术中，提高压力水下混凝土抗渗漏和抗溶蚀最有效的技术是掺用优质粉煤灰。当在混凝土中掺用一级灰并超量取代时，混凝土在 2 MPa 水压力下，经 60 d 没有发生渗漏，渗漏量和 CaO 溶出量为 0，是本体材料改性技术中最有效的一种。

(2)当掺用优质引气剂时，同样可以较大幅度降低混凝土的渗漏量和 CaO 的溶出量，引气剂混凝土累计渗漏量仅为基准混凝土的 65％，CaO 溶出量仅为基准混凝土的 26.9％。说明混凝土中掺用优质引气剂，可以明显提高压力水下混凝土的抗渗漏、抗溶蚀能力。

(3)贝利特硅酸盐水泥混凝土和铁铝酸盐水泥混凝土，在相同配合比条件下，尚未看出比普通水泥混凝土具有更强的抗渗漏、抗溶蚀能力。

(4)采用高分子涂层进行表面封闭，对提高压力水下混凝土的抗渗漏、抗溶蚀能力有较明显的效果。以 EVA 复合涂层效果最好，累计渗漏量仅为 31.5％，CaO 累计溶出量仅为 11.5％。这一技术对已建工程提高抗渗、抗溶蚀能力是较为有效的。

二、混凝土抗渗漏、抗溶蚀技术在三峡大坝混凝土工程中的应用

长江三峡水利枢纽工程，不仅是我国最大、最重要的基建工程之一，也是世界上重要的水利枢纽工程。三峡大坝位于湖北宜昌市三斗坪镇，最大坝高183 m，全长 2 309.5 m，为混凝土重力坝。三峡水库总库容 393 亿 m³，水电站装机 26 台，单机容量 700 MW，总装机容量 18 200 MW，混凝土总工程量为 2 941万 m³，总工期 17 年（从 1993 年至 2009 年）。三峡大坝工程对混凝土耐久性有非常高的要求，而大坝混凝土的抗渗等级是最基本、最主要的设计指标之一。

为了达到三峡大坝混凝土高抗渗、高耐久的要求，采用了本研究的抗渗漏、抗溶蚀技术，即在三峡大坝混凝土中掺用了一级粉煤灰和引气剂，同时也掺用了高效减水剂。采用的水泥有石门和荆门的 525 号中热硅酸盐水泥，同时还有荆门 425 号低热硅酸盐水泥，共进行了 13 组粉煤灰引气剂大坝混凝土的抗渗试验。由试验结果可以看出：

（1）大坝基础混凝土，当采用 525 号中热硅酸盐水泥时，无论是荆门或石门水泥、粉煤灰掺量为 30%～35%、引气剂掺量为 0.06‰～0.07‰、水胶比为 0.50、胶凝材料总用量为 164～166 kg/m³ 时，混凝土的抗渗等级大于 W10，在 1 MPa 水压下混凝土的渗水高度小于 1.6 cm，完全能满足大坝基础混凝土 W10 的抗渗要求。当采用 425 号低热水泥、粉煤灰掺量为 15%、引气剂掺量为 0.06‰（含气量 5.2%）、水胶比为 0.50、胶凝材料用量为 178 kg/m³ 时，混凝土的抗渗等级也能满足 W10 的要求，且渗水高度仅 2.0 cm，完全能满足大坝基础混凝土的设计抗渗要求。

（2）大坝内部混凝土，无论采用荆门 525 号或石门 525 号中热硅酸盐水泥或荆门 425 号低热水泥，当粉煤灰掺量为 25%～45%（25% 适用于 425 号低热水泥）、引气剂掺量为 0.068‰～0.070‰情况下，混凝土抗渗等级均大于 W10，渗水高度仅 1.0～3.1 cm，完全能满足大坝内部混凝土的抗渗要求。

（3）大坝外部水位变化区混凝土，当采用 525 号中热硅酸盐水泥、水胶比为 0.45～0.50、粉煤灰掺量为 20%～30%、引气剂掺量 0.06‰～0.065‰时，混凝土的抗渗等级均大于 W10，渗水高度仅 1.1～2.5 cm，也完全能满足该部位大坝混凝土抗渗的设计要求。

以上不同部位混凝土配合比的设计试验结果，已通过三峡总公司的鉴定验收，并已在大坝工程不同部位应用。

三、小结

（1）采用混凝土本体材料的改性和混凝土表面防护涂层的技术，均可以提高混凝土的抗渗漏、抗溶蚀能力，其中掺用优质粉煤灰和掺用优质引气剂（含气量

为 5%±0.5%），以及采用 EVA 复合涂层的技术较为有效。

（2）抗渗漏、抗溶蚀技术的研究成果，为三峡大坝不同部位混凝土的抗渗性配合比设计提供了依据，引气剂粉煤灰混凝土已经在大坝二期混凝土工程中得到了应用，并均能达到抗渗等级的设计要求。

第三节　塑性防渗墙混凝土耐久性的研究和评估

一、概述

混凝土防渗墙作为有效的基础防渗设施，在水利水电工程中得到了广泛的应用。我国从 1958 年建筑第一道防渗墙以来，已建的防渗墙截水面积在 50 万 m² 以上，居世界首位。

塑性混凝土由于其有较低的弹模、较好的柔性，能适应砂卵石地基的变形，从而较大程度地提高了防渗墙结构的抗裂性和整体防渗效果，因此作为一种新型的墙体材料而受到世界各国的重视。美国、法国、加拿大等国家，从 20 世纪 70 年代以来，其塑性混凝土防渗墙已经在工程中得到了初步的应用。我国于 20 世纪 80 年代中后期也开展了塑性混凝土防渗墙的试验研究和初步试用，取得了较好的效果。但是无论在国外或国内，对塑性混凝土防渗墙长期性能的研究，即耐久性问题，仍处于探索阶段，因此对塑性混凝土防渗墙的适用范围问题也在研究之中。

根据防渗墙的实际运行条件，防渗墙混凝土的耐久性问题，主要体现在墙体材料的抗渗漏和抗溶蚀性能上。从 20 世纪 70 年代后期开始，为论证"双掺"（即掺用粉煤灰并同时掺用新型外加剂）防渗墙混凝土耐久性问题，李金玉等在国内率先开展了防渗墙混凝土的溶蚀试验及墙体材料的耐久性评估；20 世纪 80 年代中期又将宏观的溶蚀试验与微观的测试分析（扫描电镜、差热分析等）相结合，在大坝混凝土的渗漏溶蚀规律及机理上做了进一步的探索。为了配合国家基础处理项目中塑性混凝土防渗墙材料的试验，专门进行了塑性混凝土墙体材料的耐久性试验研究以及安全运行寿命的评估探讨。

二、试验设计

1. 试验内容及方法

根据以往的研究成果，对于防渗墙墙体材料的耐久性，主要采用溶蚀试验，即在一定渗漏量的情况下，以实测墙体混凝土材料（砂浆块体）中 CaO 的溶出结果，来评估墙体材料的安全运行年限。因此本次试验仍然采用渗淋式溶蚀试验的方法，进行塑性混凝土墙体材料耐久性的宏观测试。同时为了探索塑性混凝土的溶蚀机理，又进行了不同配比塑性混凝土溶蚀前后的微观测试分析。测试的项目有差热分析、扫描电镜及能谱分析。通过宏观的溶蚀试验和微观测试相结合的方法，对塑性混凝土防渗墙的耐久性做出综合的评价。

2. 试验的原材料及配合比

(1)试验的原材料。

水泥：山西大同 525 号普通硅酸盐水泥；

掺和料：膨润土、黏土；

外加剂：A、B、C、D。

(2)试验的配合比。塑性混凝土(A、B、C)和对比的普通混凝土(D)的水泥、砂、小石重量配合比为 A(170∶748∶888)、B(140∶723∶888)、C(125∶739∶871)、D(391∶528∶486)。

三、塑性混凝土溶蚀试验结果

(1)塑性混凝土和普通混凝土的溶蚀规律基本相似，早龄期溶蚀速度快、溶蚀量大，而随着龄期的延长，溶蚀速度逐步减缓，至 30 d 以后溶蚀速度稳定，溶蚀曲线趋于平缓。

(2)塑性混凝土与普通混凝土相比，CaO 的溶出量有较大的差别，在相同渗漏量情况下(1 000 mL/d)，塑性混凝土 CaO 的溶出量远远低于普通混凝土。塑性混凝土 CaO 每日平均溶出量为 154～188 mg/d，普通混凝土为 350 mg/d，塑性混凝土的每日 CaO 溶出量仅为普通混凝土的 40%～50%。100 d 累计溶蚀量：普通混凝土为 35 032 mg，塑性混凝土为 15 494～18 820 mg，普通混凝土 CaO 累计溶出量是塑性混凝土的 1.86～2.26 倍。

在相同渗漏量溶蚀过程中，虽然三种塑性混凝土的 CaO 实际溶出量要比普通混凝土小得多，但由于塑性混凝土中的水泥用量很少，CaO 的储备也很低，因此，水泥中 CaO 的相对溶出百分率却高于普通混凝土。塑性混凝土水泥中的 CaO 溶出百分率为 36%～38%，而普通混凝土的 CaO 溶出百分率为 27.4%。塑性混凝土中 CaO 相对溶出率的增加，可能与塑性混凝土中掺用了大量的黏土、膨胀土等非活性混合材料，使材料密实性降低有关。

四、塑性混凝土溶蚀的微观测试

塑性混凝土溶蚀的微观测试，主要进行各种试样溶蚀前后的差热分析、扫描电镜及能谱分析。差热分析主要测定试样溶蚀前后化学成分的变化；尤其是 $Ca(OH)_2$ 含量的相对变化。扫描电镜主要观测试样溶蚀前后水化产物的类型、形态及相对数量；能谱分析是在扫描电镜的基础上进一步确定试样中某一测点的化学成分。

1. 差热分析试验结果

(1)普通混凝土与塑性混凝土在溶蚀前，均测定出有明显的 $Ca(OH)_2$，而且水泥用量越高，水化产物中 $Ca(OH)_2$ 峰值越高，$Ca(OH)_2$ 的含量越多；而经过溶蚀以后，水化产物中的 $Ca(OH)_2$ 峰值均明显降低，说明水化产物中的 $Ca(OH)_2$ 已被大量溶出。

(2)普通混凝土在溶蚀前，有明显的水化硅酸钙凝胶和钙矾石的峰值，而经溶蚀后，水化硅酸钙凝胶和钙矾石虽然有峰值但已明显降低。说明普通混凝土经溶蚀后，随着 $Ca(OH)_2$ 含量的逐步降低，水化硅酸钙等水化产物也随之分解，含量逐步降低，从而使水泥石结构逐步破坏。

(3)对于塑性混凝土，差热结果表明，溶蚀前水化硅酸钙凝胶和钙矾石的峰值较低，而且随着混凝土中水泥用量的降低，水化硅酸钙峰值也降低。在水泥用量为 140 kg/m^3 的试样中，水化硅酸钙凝胶峰值已经很不明显，说明塑性混凝土中凝胶含量本来较低。经溶蚀后，随着 $Ca(OH)_2$ 的溶出，水化硅酸钙凝胶发生分解，含量进一步降低。因此，塑性混凝土经溶蚀后的差热曲线上，反映不出水化硅酸钙凝胶的峰值。

2. 扫描电镜和能谱测试结果

无论普通混凝土还是塑性混凝土在溶蚀前，扫描电镜观测到的都是较密实的团块状水泥水化产物结构，而溶蚀后水化产物的结构比较疏松，水化产物之间出现了明显的孔隙，在同倍放大镜下已可以明显看到剩余的单个 $Ca(OH)_2$ 结晶和钙矾石晶体。说明由于水泥石中 $Ca(OH)_2$ 的溶出及其他水化产物的相应分解，水泥石由较密实的结构而变成了疏松多孔的结构，从而降低了混凝土的宏观特性。

五、塑性混凝土防渗墙的耐久性评估

1. 评估准则

对混凝土防渗墙而言，其耐久性的评估指标应该是长期防渗效果，而影响长期防渗效果的主要因素是墙体本身的整体性和墙体材料的密实性。裂缝是破坏防渗墙整体性的主要因素，而裂缝的产生又取决于墙体的受力状态和施工质量的优劣(钻孔浇筑质量、接头处理等)。这一问题较为复杂，既涉及防渗墙本身的结构问题、材料问题，又涉及基础的性状问题，以及施工质量问题等。因此在单纯评估墙体材料耐久性的情况下，裂缝问题可暂时不予考虑。这样一来墙体材料的耐久性问题就主要取决于墙体混凝土本身的长期密实性。如果墙体混凝土能在较长的运行年限里保持良好的密实性，那么可保证防渗墙的长期抗渗能力，从而具有较好的耐久性。国内外已有的研究成果认为，防渗墙混凝土的密实性，主要取决于是否产生渗漏及溶蚀。

2. 塑性防渗墙混凝土安全使用年限的评估

根据以上的评估准则，在特定的工程中可计算出该防渗墙的安全运行寿命。本研究并不结合具体工程，仅仅对塑性墙体混凝土的耐久性进行初步的探讨，并与普通混凝土墙体材料进行相应的比较。

采用塑性混凝土防渗墙，由于抗裂性增加，如果能在降低50％渗漏量的情况下，可使墙体安全运行寿命比普通混凝土防渗墙增加40％～60％。采用塑性混凝土防渗墙后，如果渗漏量与普通混凝土防渗墙相同，其安全运行寿命只是普通混凝土防渗墙的70％～90％，这是因为塑性混凝土虽然单位溶蚀量比普通混凝土有明显降低，但由于其水泥用量很低，CaO的储备太少，在相同渗漏量的情况下，就有可能出现安全运行寿命缩短的情况。

六、小结

（1）塑性混凝土在产生溶漏溶蚀的情况下，混凝土中CaO的溶出量较普通混凝土将有明显的降低。

（2）塑性混凝土产生溶蚀后，其微观成分和结构的变化与普通混凝土相似，均产生了$Ca(OH)_2$的流失和水化产物的分解，从而出现水化产物结构疏松、密实度下降的情况。

（3）塑性混凝土防渗墙由于其性能适应地基变形，有较好的抗裂效果，因此在降低渗漏量的情况下，可以延长防渗墙的安全使用寿命。由于塑性混凝土强度很低，在深墙、高应力的情况下，塑性墙也可能出现结构性裂缝，从而使渗漏量增加。如果塑性墙的渗漏量一旦增加到与普通墙相同，则其安全运行寿命可能降低。

（4）塑性混凝土防渗墙的耐久性研究，尤其是安全运行寿命的评估在国内尚属首次，在国外也处于探索阶段。本次研究的结果尚有待今后进一步补充完善。

第四节　三峡工程二期围堰塑性防渗墙
混凝土配合比设计

一、概述

混凝土防渗墙作为有效的地下垂直防渗设施，已经在我国水利水电工程中得到了广泛的应用。塑性混凝土是一种新型的墙体材料，它具有弹性模量低（接近于砂卵石地层)、抗裂性好、水泥用量少、经济等特点，因此自 20 世纪 60 年代末期，就已经在国外水利工程中得到了初步的应用，如智利的柯尔邦坝就采用塑性混凝土浇筑了深 63 m、宽 1.2 m 的防渗墙。我国于 20 世纪 80 年代中期也开始进行了塑性混凝土防渗墙的试验研究和初步的应用，如福建水口电站二期围堰就全部采用了塑性混凝土防渗墙，并取得了较好的效果。但是塑性混凝土强度较低，一般为 2～4 MPa，不能适应较大应力的要求，同时塑性混凝土防渗墙的耐久性问题，即长期运行的安全性问题，尚在研究探索之中。因此无论国际上还是国内，塑性混凝土防渗墙主要应用于围堰等临时工程或中小型工程。

三峡水利枢纽工程中的二期深水围堰是最重要的临时建筑物之一，它的设计和施工也是三峡工程的重大关键技术项目之一。经设计的多方案比较，并经专家组论证，二期围堰采用低双墙接土工膜的 IV 方案。堰顶长 1 137 m，宽 15 m，最大围堰高度 80 m。防渗墙顶高程 73 m，顶长 1 142 m，墙体最大深度 74 m，墙厚 1 m，截水面积 4.2 万 m^2，混凝土量 5 万 m^3。经设计计算比较确定，二期围堰将全部采用塑性混凝土防渗墙。为了保证防渗墙采用的塑性混凝土能达到设计的要求，满足墙体的稳定和安全，进行了三峡二期围堰防渗墙塑性混凝土的配合比设计试验研究。

二、技术指标

长江水利委员会设计院对二期围堰防渗墙塑性混凝土提出以下技术指标：①抗压强度 R_{28} 大于 5.0 MPa；②初始切线弹性模量 $E＝500～700$ MPa；③渗透系数 K 小于 $1×10^{-8}$ m/s。

为保证满足设计要求，三峡建设总公司对塑性混凝土达到的技术指标做了进一步的提高，要求：抗压强度 R_{28} 不小于 6.0 MPa，R_{90} 不小于 8.0 MPa；弹强比 E/R 小于 150；渗透系数 K 小于 $1×10^{-10}$ m/s；混凝土坍落度不小于 18 cm，扩散度不小于 34 cm。

三、试验设计

(一)塑性混凝土配合比优化选择的技术路线

(1)水泥：525 号普通硅酸盐水泥，由荆门水泥厂生产；425 号矿渣硅酸盐水泥，由葛洲坝水泥厂生产。

(2)膨润土：山东昌邑高阳膨润土，造浆率不小于 16%。

(3)黏土：三峡坝区鸦雀岭土。

(4)粉煤灰：二级灰，由北京石景山电厂生产。

(5)复合剂：

①PMA 水溶性高分子聚合物，主要成分为羟基纤维素类。

②FPS 水溶性高分子聚合物，主要成分为改性丙烯酸树脂。

以上两种水溶性高分子聚合物，加入混凝土之后，可以与水泥颗粒表面和集料颗粒表面发生某种物理化学作用，如与水泥颗粒表面生成离子键或共价键，起到压缩双电层的吸附水泥颗粒、保护水泥的作用。同时掺入这些复合剂后，可以在水泥与集料之间形成聚合物柔性网络，提高混凝土的黏聚力，限制新拌混凝土在水中的分散作用，从而使混凝土具有一定的水下不分散能力。以往的试验资料表明，当在水泥浆中掺入复合剂以后，水泥在水中的流失量仅为 0.9%，而且在水泥混凝土中掺入水溶性高分子聚合物后，对混凝土的凝结时间有一定的延缓作用，同时可明显地提高混凝土的抗折、抗拉强度。

(6)减水剂：NB 高效减水剂、木钙减水剂。

(7)砂料：左岸永久船闸开挖区的风化砂。

(8)石子：一级配，粒径 5~20 mm，工地鸟枪山卵石。

(二)试验方法及设备

1. 试验方法

(1)混凝土的拌合、成型及流动度(坍落度)、扩散度的试验方法，均按《水工混凝土试验规程》(SL 352—2006)进行。

(2)混凝土抗压强度和弹性模量的测试方法。

试件形态为立方体和圆柱体两种，立方体尺寸为 10 cm×10 cm×10 cm，圆柱体尺寸为 ϕ10 cm×20 cm。

单轴试验的加荷速度为 0.1 mm/min，三轴的加荷速度为 0.02 mm/min，三轴试验时的围压取值为轴向应力的 20%~25%。

弹性模量取值根据国内外塑性混凝土的试验方法，弹性模量均取极限应力的 50%~70%，本次试验取 50%。

2. 试验设备

(1)混凝土强度和弹性模量试验，均在日本岛津生产的 100 kN 伺服式万能试验机上进行，加荷速度及记录均由计算机自动控制，并能自动打印荷载位移曲线。

(2)混凝土渗透试验在压力式溶蚀仪上进行，其他试验仪器和设备均按《水工混凝土试验规程》(SL 352—2006)规定选用。

四、塑性混凝土配合比的初步选优试验

(1)试验以两种不同水泥为体系，形成两个选优网络。

(2)每一个体系中，又以不同的水灰比，形成选优主线：

525 号水泥体系中，水灰比选优范围为 1.0~3.97，共 13 个点。

425 号水泥体系中，水灰比选优范围为 0.68~3.80，共 14 个点。

水灰比范围较大，主要是考虑三轴应力时混凝土强度可能提高的因素。

(3)在两个体系不同水灰比的情况下，又设计了不同的外加剂以及组合：

①复合剂：FPS 掺量为水泥用量的 6%，PMA 掺量为 20%。

②减水剂：NB 高效减水剂，掺量为水泥用量的 1.0%~1.5%，木钙掺量为水泥用量的 0.3%。在一般情况下，均采用复合剂与减水剂联合掺用。

(4)在每个体系中又设计采用了不同品种和不同掺量的混合材料：膨润土 40~90 kg/m³；粉煤灰 45~129 kg/m³；黏土 40~220 kg/m³。

掺用的方式又分为单掺(如单掺膨润土或黏土)以及联合掺用，主要是膨润土和粉煤灰的联合掺用。

(5)在两个体系中，为保证塑性混凝土良好的和易性，又考虑了不同的砂率级配，砂率分 40%、45%、48%、50%四个等级。

(6)选优试验先进行混凝土达到规定坍落度和扩散度情况下用水量的试拌试验，然后进行了不同系列、不同配比的成型试验，并测定 28 d 混凝土的单轴抗压强度和弹性模量。

由初步选优试验结果可以看出：

(1)对 525 号普通水泥和 425 号矿渣水泥两个系列配制的塑性混凝土，要达到满足施工要求的流动性，即坍落度不小于 18 cm、扩散度不小于 34 cm，混凝土中的最低用水量为 190 kg/m³ 左右。当采用 NB 高效减水剂时，将比普通减水剂木钙减少用水量 30 kg/m³ 左右(B9 和 B10 相比)。

(2)两种水溶性高分子聚合物复合剂相比(C14 和 C15)，PMA 掺量 20%，FPS 掺量仅 6%，混凝土达到规定的流动性和扩散性时，PMA 所需用水量多 30 kg/m³，且混凝土的抗压强度比掺 FPS 的要低 45%，因此复合剂以采用 FPS 较为合适。

(3)要满足 28 d 抗压强度不小于 6 MPa，对 525 号普通水泥系列，其水灰比宜控制在不大于 1.0 范围；对 425 号矿渣水泥系列，宜控制在不大于 0.88 范围。

(4)对塑性混凝土来讲，要满足较好的和易性并达到较高强度和较低弹性模量，最优砂率的范围为 40%~50%。

(5)膨润土、黏土、粉煤灰均可以作为塑性混凝土的掺和料，在配合适当的条件下，单独掺用膨润土或单独掺用黏土，以及膨润土和粉煤灰联合掺用均可以配出符合要求的塑性混凝土。

(6)对 525 号普通水泥系列，编号 B14、B15、B16 三个配比均可满足 R_{28} 不小于 6.0 MPa、E/R 不大于 150 的攻关指标，而对 425 号矿渣水泥系列，编号 C14、C16、C17 的三个配比可满足以上指标。B12、B13 和 C12、C13 配比，抗压强度均大于 5.0 MPa，接近攻关指标的要求。

五、塑性混凝土的特性试验

在初步选优试验的基础上，进行塑性混凝土的特性试验，试验内容包括 90 d 龄期强度、弹性模量试验、抗渗试验以及 28 d、90 d 三轴强度弹性模量试验。在三轴强度试验时还进行了 28 d 单轴强度较低的配比，以供配比最后确定时参考。

由试验结果可以看出：

(1)两种水泥系列的塑性混凝土，其 90 d 强度和弹性模量，比 28 d 均有所提高。525 号水泥系列，强度增长率为 40%，弹性模量增长率为 41%；425 号水泥系列，强度增长率为 47%，弹性模量增长率为 42%。从总体来看两个系列的塑性混凝土，90 d 强度、弹性模量增长率均在 40% 左右，而 425 号水泥系列的强度增长率稍大一些。

(2)初步选优出的两个系列、12 个配比的塑性混凝土，其抗渗性均较好，渗透系数均小于 1×10^{-10} cm/s。

(3)以攻关指标，即 R_{28} 不小于 6 MPa、R_{90} 不小于 8 MPa、E/R 小于 150、K 小于 1×10^{-10} cm/s、坍落度不小于 18 cm、扩散度不小于 34 cm 作为选优标准，则 525 号水泥系列中 B14、B15、B16 和 425 水泥系列中 C14、C16、C17 均可达到要求。从技术经济指标综合分析，525 号水泥系列中以 B14、B15 两个配比为好，其水泥用量均为 200 kg/m³，一个是掺膨润土和粉煤灰各 45 kg/m³，一个是掺黏土 90 kg/m³，并均掺用 NB 高效减水剂和 FPS 复合剂，两个配比中以 B14 更为合适。425 号水泥系列中以 C14 和 C17 两个配比为好，其水泥用量均为 226 kg/m³，一个是掺膨润土 50 kg/m³ 和粉煤灰 60 kg/m³，一个是单掺膨润土 50 kg/m³，两个配比均掺用高效减水剂 NB 和 FPS 复合剂，而以 C17 单掺膨润土 50 kg/m³ 的配比更为合适。

(4)如能考虑三轴受力状态，则两个系列塑性混凝土的选优范围可进一步扩大。525 号水泥系列塑性混凝土的水泥用量可降至 180 kg/m³，单独掺膨润土或膨润土和粉煤灰联掺即 B11 和 B12 配比，均可满足攻关指标要求，且以 B11 更好。425 号水泥系列塑性混凝土，水泥用量可降低至 200 kg/m³，膨润土和粉煤灰联合掺用或单独掺用黏土即 C12 和 C13 两个配比，均能满足攻关指标的要求，且以 C12 更好。

六、小结

(1)通过 525 号普通水泥和 425 号矿渣水泥两大系列 33 个配比的选优和特性试验，优选出了符合攻关指标，即 R_{28} 不小于 6 MPa、R_{90} 不不小于 8 MPa、E/R 小于 150、K 小于 1×10^{-10} cm/s 的三峡二期围堰塑性混凝土配合比。单轴应力状态下以 B14 和 C17 两个配合比为首推配比，三轴受力状态下以 B11 和 C12 为首推配比。

（2）室内选优试验的配合比，在现场施工时还需根据实际施工采用的原材料、含水量等情况进行适当的调整。

第五节 100 m 深高强低弹复合混凝土墙体材料的开发和初步应用

一、概述

冶勒水电站位于四川省石棉县，是南桠河 6 个梯级电站中的最高一级，海拔 2 600 m。电站总装机容量 240 MW，利用落差 650 m。

电站大坝为沥青混凝土心墙土石坝，坝高 125.5 m，坝顶长 411 m，坝顶高程 2 654.5 m，正常蓄水位 2 650 m，总库容 2.98 亿 m³，属多年性调节水库。大坝基础较为复杂，由卵砾石层、粉质黏土及块碎石层等组成，最大覆盖层深度达 420 m，是国内大坝工程中坝基覆盖层最深的工程之一。为确保大坝基础的可靠防渗，工程设计单位（成都勘测设计研究院）采用了坝下帷幕灌浆和混凝土防渗墙联合作用的悬挂式垂直防渗体系。混凝土防渗墙长 350 m，宽 1~1.2 m，最大深度达 100 m，属国内最深的混凝土防渗墙（已建成的小浪底水库防渗墙深80 m）之一，在当今世界上在建工程中排名靠前。对于这种高坝深墙，经设计计算，防渗墙宜采用强度高（$R \geqslant 40$ MPa）且柔性好、弹性模量低（$E \leqslant 25 \times 10^3$ MPa）的高强低弹混凝土墙体材料。为此，李金玉等人结合国家科技攻关项目，进行了高强低弹新型混凝土墙体材料的开发研究，经大量的试验研究，开发出强度高达 51 MPa，而弹性模量仅为 21.5×10^3 MPa 的高强低弹复合混凝土墙体材料，并形成了 50 MPa、45 MPa、40 MPa、35 MPa 四个强度系列。这种新型防渗墙混凝土材料，不仅具有强度高、柔性好、弹模低的特点，而且具有和易性好、扩散能力强、缓凝、高抗渗和耐久性好等综合优点。经国家电力部鉴定，此种新型防渗墙混凝土材料不仅属国内首创，而且达到了国际领先水平。

二、高强低弹复合混凝土墙体材料的开发

采用水溶性高分子材料、活性混合材料及高效凝缓减水剂的选优和组合，开发出了 50 MPa、45 MPa、40 MPa、35 MPa、30 MPa 五个等级的高强低弹复合混凝土墙体材料。

由试验可以看出：

(1)复合混凝土墙体材料具有良好的自流扩散能力，扩散过程中黏聚性良好，适合于防渗墙的施工。

(2)复合混凝土墙体材料，其 R_{28} 能达到 51.4 MPa，弹性模量为 21.5×10^3 MPa，弹强比为 0.418×10^3（普通防渗混凝土弹强比为 $0.8 \times 10^3 \sim 1.0 \times 10^3$），达到了高强低弹提高墙体柔性的目的。

(3)复合混凝土墙体材料具有较好的缓凝作用，初凝时间为 $18 \sim 21$ h，终凝时间为 $20 \sim 30$ h，能较好地适应深度较大的防渗墙的施工。

(4)复合混凝土墙体材料具有较高的抗渗能力，5 个强度等级的混凝土，其抗渗强度均在 2.5 MPa 以上。

(5)复合混凝土墙体材料的强度随着龄期的增长而增长，60 d 龄期的增长率在 15% 左右，90 d 龄期增长率在 20% 左右。墙体的弹性模量随着龄期的增长也在增长，但增长率低于强度的增长率。复合混凝土的弹强比，随龄期的增长而稍有下降的趋势，说明复合混凝土的抗裂性不受龄期增长的影响。

(6)复合混凝土墙体材料水中养护的强度与标准养护(湿空气中养护)下的强度相比，初期(14 d 前)稍偏低，至 28 d 时已与标准养护强度相似。复合混凝土这一特点可能有利于墙体接头孔的造孔作业。

(7)复合混凝土墙体材料，其圆柱体抗压强度达 42.9 MPa(折合立方体强度约为 53.6 MPa)，应力为 30% 时的弹性模量为 22.0×10^3 MPa，全弹模(达极限应力时的弹性模量)为 16.5×10^3 MPa，抗弯强度达 9.3 MPa。而且抗压和抗弯应力-应变全过程曲线呈现出较好的塑性，没有发生像普通高强混凝土试验时的脆性断裂，由此进一步说明复合混凝土墙体材料是一种较为理想的新型墙体材料。

三、高强低弹复合墙体材料的生产性试验

为了试验高强低弹复合混凝土新型墙体材料的施工性能和实际效果，在四川省冶勒水电站大坝右岸坝肩防渗墙轴线上，又进行了 100 m 深防渗墙的单孔和 5.4 m 槽段的生产性试验。

1. 生产性试验墙体材料的设计指标和配合比

(1)由设计单位确定，冶勒水电站 100 m 深防渗墙生产性试验采用 CP−7 配比，$R_{28} = 38.4$ MPa，$E_{28} = 22.0 \times 10^3$ MPa，$E/R = 0.573 \times 10^3$，S 不小于 1.0 MPa。

(2)生产性试验墙体材料的配合比：

根据现场试验采用的原材料及施工工艺的要求，又进行了复合混凝土墙体材料配合比的适当调整。尤其是 5.4 m 槽段施工时，由于混凝土生产能力有限，每

小时浇筑上升高度只有 2 m，100 m 深墙要 50 h 才能浇筑完毕，因此为了保证复合混凝土的初凝时间为 25～30 h，在混凝土中又掺入了高效缓凝剂。

2. 生产性试验的施工和检测结果

冶勒水电站 100 m 深防渗墙现场生产性试验的桩柱施工采用 3 台 0.35 m³ 圆筒式拌合机生产混凝土，5.4 m 槽段施工时采用 6 m³ 罐车拌合混凝土，出料后经溜槽直接进入导管浇筑，浇筑方式与常规防渗墙施工相同。单桩浇筑 20 h 完成，5.4 m 槽段浇筑 48 h 完成。

单桩和槽段试验均一次性完成，由现场试验和测试结果可以看出：

(1)高强低弹复合混凝土的和易性良好，尤其是有很强的自流动性、自扩散能力和较长的缓凝时间，适合于深墙的施工。

(2)机口取样试验说明，现场试验混凝土的强度、弹性模量、抗渗性能与室内试验基本相似，槽段混凝土由于施工要求，进一步采用了缓凝措施，因此 28 d 强度稍低，但 60 d 强度达到了 44.8 MPa，达到并超过了设计指标。

四、小结

(1)通过水溶性高分子材料、活性混合材料和高效减水剂及高效缓凝剂的优选配合，开发了适于高坝深墙的高强低弹复合混凝土新型墙体材料。混凝土的坍落度超过 20 cm，扩散度超过 34 cm，初凝时间 18～30 h，其强度可达 51.4 MPa，弹性模量 21.5×10³ MPa，弹强比 0.485×10³，抗渗强度大于 2.0 MPa。

(2)新开发的高强低弹复合混凝土墙体材料已经在冶勒水电站 100 m 深防渗墙上进行了单桩和槽段浇筑试验，并取得了成功，说明高强低弹混凝土适于冶勒水电站大坝深厚覆盖层中防渗墙的施工。

第四章　大坝混凝土抗裂性研究

第一节　HBC低热高抗裂新型大坝混凝土研究

在大坝混凝土的研究中，混凝土的原材料优选、配合比设计、耐久性研究、施工管理技术等都将直接影响混凝土的质量和大坝工程的安全运行。其中胶凝材料的选择是最根本的，直接影响混凝土材料的各种物理力学性能、水化热的大小、绝热温升高低等，进而影响混凝土的抗裂性和耐久性。因此，极有必要研究开发一种新型的胶凝材料，来配制低热高性能大坝混凝土，满足大坝混凝土工程建设和安全的需要。

从混凝土材料学科的发展趋势可以看出，对胶凝材料的水化机理等进行更深入探讨和对其本质进行革命性改造，已成为水泥胶凝材料进一步发展的方向，即研究开发新型的胶凝材料已成为必然的趋势。由中国建筑材料科学研究院承担的国家重点攻关项目之专题——混凝土新型胶凝材料的研究即高贝利特水泥（High Belite Cement，HBC）的研究，顺应了时代的潮流，处于国际领先地位，并形成了规模化的生产能力，该品种水泥已经列入了低热硅酸盐水泥的国家标准。

本研究在借鉴三峡大坝混凝土研究成果的基础上，充分发挥高贝利特水泥的性能优势，采用高贝利特525号水泥配制大坝混凝土。对配制的高贝利特水泥大坝混凝土的各项宏观性能进行全面试验研究，并与三峡工程使用的中热水泥大坝混凝土的各项性能进行对比。同时，结合亚微观的孔结构测试、分析，深入研讨其机理。

通过宏观性能和微观性能的试验和分析，HBC低热高抗裂新型大坝混凝土在工程中得到初步推广应用。

一、HBC的性能分析

1. HBC的化学成分和矿物组成

在HBC的化学成分中，SiO_2、SO_3含量较高，CaO含量稍低，加之烧成工艺的变化导致矿物组成中C_2S含量大幅度提高，达50%以上，而C_3S含量很低，仅为20%左右，C_3A和C_4AF的含量均较PC（普通硅酸盐水泥）的低。这是HBC在矿物组成上的基本特征。

2. HBC的物理和力学性能

（1）HBC的标准稠度需水量比PC的量小，但比MHC（中热硅酸盐水泥）的大；HBC 的凝结时间较 PC 的凝结时间稍长，而比 MHC 的凝结时间短。

（2）在标准养护条件下，HBC 胶砂早期（3 d、7 d）抗压、抗折强度均偏低。28 d 龄期时，HBC 胶砂的抗压、抗折强度基本与 MHC、PC 胶砂的强度持平。90 d 龄期时，HBC 胶砂的抗压强度比 MHC 胶砂的高出约 10 MPa，比 PC 胶砂的高出更多（约为 15 MPa）；同时 HBC 胶砂的抗折强度基本与 MHC 胶砂的差不多，但比 PC 胶砂的稍高一些。

（3）在 38 ℃水中养护条件下，MHC 胶砂的 R_{28} 比标准养护条件下的有少许增长，但 90 d 时其强度较标准养护条件下的低。HBC 胶砂的抗压强度增长则加快，R_7（7 d 抗压强度）达到了 MHC 胶砂的同期水平；R_{28} 达到 75.4 MPa，分别超过 PC、MHC 胶砂的约 14 MPa、10 MPa。同时 HBC 胶砂抗折强度 28 d 龄期时为 10.0 MPa，分别超过 PC、MHC 胶砂的 2 MPa、1.0 MPa；90 d 时，HBC 胶砂的抗折强度仍比 MHC 胶砂的高，但也反映出比标准养护条件下的低一些。

（4）在 90 d 养护期内，所有水泥的强度都表现出增长的趋势，其中 HBC 胶砂的强度增长趋势最大，MHC 胶砂的强度次之，PC 胶砂的强度在 28 d 后增长最慢。

可见，HBC 胶砂的力学性能尤其是后期的力学性能优良。

3. HRC 的水化热

根据《水泥水化热测定方法》（GB 12959—2008），测得了 HBC、PC、MHC 的水化热值。

HBC 净浆的 1～7 d 水化热值较低，其 3 d、7 d 的水化热值较同标号的葛洲坝 525 号中热水泥净浆的水化热值低 15%～20%，比 PC 净浆的水化热值低得更多一些。根据单矿物的最终水化热测试资料，C_2S 的水化热值只是 C_3S 的水化热值的 2/3，因此长龄期 HBC 的水化热值将比 MHC 和 PC 的低得多。

上述试验结果表明，与 PC、MHC 水泥比较，由于化学成分及矿物组成的变化，HBC 的水化热大幅降低，后期强度显著增高，并且具有较高温度养护时早期强度增长更快，后期也能较好保持高强度的特性。

4. 小结

综上分析，可以看出：

（1）HBC 是一种以 C_2S 为主要矿物成分的新型硅酸盐水泥。

（2）HBC 具有水化热低、后期强度高的优点。

（3）在较高温度（38 ℃水中）养护条件下，HBC 具有早期强度增长快，后期强度也能良好保持的性能，优于 PC 和 MHC。

（4）由此可以看出，采用 HBC 有可能开发出低热高抗裂、高耐久的新型大坝混凝土。

二、HBC 大坝混凝土工作性的研究和外加剂的选优

为了获得低热高性能 HBC 大坝混凝土优异的工作性，进行了普通大坝混凝土和 HBC 大坝混凝土工作性的试验研究。试验内容包括坍落度、PC 值及延时损失、含气量、黏聚性等，并与三峡工程使用的高性能大坝混凝土（MHC 大坝混凝土）的工作性进行全面比较，以达到其各项性能指标的优化。同时，为进一步改善 HBC 大坝混凝土的性能，还开展了更适于 HBC 大坝混凝土的外加剂选优试验。

1. 原材料选择

（1）水泥：HBC525 号水泥（四川嘉华水泥厂生产的 525 号高贝利特水泥）；MHC525 号水泥（湖北葛洲坝水泥厂生产的 525 号中热水泥）。

（2）粉煤灰：安徽平圩 1 级粉煤灰。

（3）外加剂：ZB－1A 高效减水剂（浙江龙游外加剂厂）；

WDN－7 高效减水剂（北京兴宏光外加剂厂）；

DH9 引气剂（石家庄外加剂厂）。

（4）细集料：三峡下岸溪人工砂。

（5）粗集料：三峡古树岭人工花岗岩集料。

（6）自来水。

2. 试验研究内容

（1）HBC 大坝混凝土的工作性研究。

（2）HBC 大坝混凝土外加剂的选优。

3. 试验标准与检测

试件制作与检测根据《水工混凝土试验规程》（SL 352—2006）和《水工碾压混凝土试验规程》（DL/T 5433—2009）的规定进行。

4. HBC 混凝土的工作性研究

试验采用三峡工程二期混凝土配合比来进行比较试验。4 个配合比的基本要求分别为：

基准混凝土：水胶比 0.55，粉煤灰掺量 0%，不掺外加剂；

抗冲耐磨混凝土：水胶比 0.35，粉煤灰掺量 20%，掺 ZB－1A＋DH9；

内部混凝土：水胶比 0.55，粉煤灰掺量 40%，掺 ZB－1A＋DH9。

由工作性研究可以看出：

（1）基准混凝土试验条件下，HBC 大坝混凝土拌合物的坍落度为 7.5 cm，大于 MHC 大坝混凝土的 4.7 cm，而两者的含气量基本相等。同时在试验过程中观察到 HBC 大坝混凝土拌合物的黏聚性也很好，且在搅拌、运输及成型过程中没

有泌水、离析现象。

（2）掺入外加剂（减水剂 ZB−1A、引气剂 DH9）和粉煤灰条件时，HBC 大坝混凝土拌合物的含气量略高于 MHC 大坝混凝土拌合物，且 HBC 大坝混凝土拌合物的坍落度也较大（其各组坍落度均较 MHC 大坝混凝土的坍落度约大 2 cm），试验中观察到其黏聚性良好。

可见，在相同条件下（即采用三峡工程优化的原材料和混凝土配合比），HBC 大坝混凝土拌合物与 MHC 大坝混凝土拌合物的工作性能均较好地满足施工浇筑成型的要求，并且 HBC 大坝混凝土拌合物的工作性在整体上要优于 MHC 的。

5. HBC 大坝混凝土外加剂的选优和延时工作性的研究

目前三峡大坝混凝土中掺用的高效减水剂为 ZB−1A，是经过大量试验选优而得的，为了进一步提高 HBC 大坝混凝土的性能，对更适于 HBC 大坝混凝土的高效减水剂也进行了优选。通过对 FDN、WDN−7 等高效减水剂的筛选试验，优选了北京兴宏光外加剂厂生产的 WDN−7（改性萘系）高效减水剂。

优选的高效减水剂 WDN−7 与 HBC 大坝混凝土的适应性良好，且该混凝土有较好的延时工作性。在满足设计和施工要求的条件下，采用与 MHC 大坝混凝土基本相同的配合比时，可以使 HBC 大坝混凝土的用水量稍有降低，有利于提高混凝土的强度和耐久性。

6. 小结

在原材料和配合比相同的情况下，HBC 大坝混凝土的含气量与 MHC 大坝混凝土的基本相似，但 HBC 大坝混凝土的坍落度稍大于 MHC 大坝混凝土的。如果 HBC 大坝混凝土掺用优选的 WDN−7（改性萘系）高效减水剂后，可进一步降低大坝混凝土的用水量和获得良好的延时工作性。

HBC 大坝混凝土的工作性良好，符合三峡混凝土工程施工和设计的要求。

三、HBC 大坝混凝土力学性能的研究

（一）HBC 大坝混凝土的强度性能

采用三峡大坝不同部位混凝土的配合比，进行了 HBC 大坝混凝土强度的试验研究，并与现在使用的 MHC 大坝混凝土进行了比较。大坝混凝土强度试验包括抗压强度和劈裂抗拉强度，试件的尺寸为 150 mm×150 mm×150 mm 的立方体，按《水工混凝土试验规程》（SL 352—2006）进行。

（1）不掺粉煤灰时，HBC 大坝混凝土 7 d 的强度还明显偏低，其抗压强度为 MHC 大坝混凝土的 54%，劈裂抗拉强度为 MHC 大坝混凝土的 60%。HBC 大坝混凝土的 R_{28}、劈裂抗拉强度超出 MHC 大坝混凝土的，其 R_{28} 为 MHC 大坝混凝土的 122%，劈裂抗拉强度为 MHC 大坝混凝土的 117%。当养护龄期达到 90 d、

180 d 时，HBC 大坝混凝土的抗压强度、劈裂抗拉强度均高于 MHC 大坝混凝土的，且其抗压强度增长更快。龄期为 90 d、180 d 时，HBC 大坝混凝土的抗压强度分别为 58.8 MPa、63.0 MPa，达到同配比的 MHC 大坝混凝土抗压强度的 124%、129%；HBC 大坝混凝土的劈裂抗拉强度分别为 3.80 MPa、3.77 MPa，达到同配比的 MHC 大坝混凝土劈裂抗拉强度的 119%、111%。

(2)掺入 20%、30%、40%粉煤灰时，HBC 大坝混凝土的强度发展规律与不掺粉煤灰的情况相同。即在相同配比条件下，HBC 大坝混凝土的早期(7 d)抗压、劈裂抗拉强度偏低；到 28 d 龄期时，R_{28} 基本达到或超出 MHC 大坝混凝土的强度；90 d、180 d 龄期的强度则比 MHC 大坝混凝土的强度高。但粉煤灰掺量 40%时，劈裂抗拉强度 90 d 时仍然偏低。

(3)对 HBC 大坝混凝土的配合比进行微调，即采用与 HBC 适应性良好的高效减水剂 WDN－7，适当减少 HBC 大坝混凝土的用水量，在保证工作性基本相同的情况下，HBC 大坝混凝土的早期强度性能得到了明显提高。如掺 30%粉煤灰的 HBC 大坝混凝土 7 d 龄期强度由原来的 9.2 MPa 提高到 18.8 MPa，提高了 104%；劈裂抗拉强度由原来的 0.78 MPa 提高到 1.33 MPa，提高了 70%。

三峡工程大坝混凝土及其他水工混凝土的设计强度均以 90 d 龄期为标准。按 90 d 龄期的强度值分析，无论是在不掺粉煤灰，还是掺入 20%、30%粉煤灰的配合比完全相同或基本相同的条件下，HBC 大坝混凝土的抗压强度和劈裂抗拉强度均高出目前三峡工程使用的 MHC 大坝混凝土强度。可见 HBC 大坝混凝土的强度性能良好。

(二)HBC 大坝混凝土的抗压弹模与极限拉伸

试验结果表明：

(1)无论是 28 d 龄期还是 90 d 龄期，HBC 大坝混凝土的抗压弹性模量为 MHC 大坝混凝土抗压弹性模量的 95%～105%，抗拉弹性模量则为 MHC 大坝混凝土的抗拉弹性模量的 95%～111%。可见，两者的弹性模量相近，并无明显差别。

(2)从轴向抗拉强度和极限拉伸值的数值考察：无论是 28 d 或 90 d 龄期，HBC 大坝混凝土的轴向抗拉强度均大于 MHC 大坝混凝土的轴向抗拉强度。HBC 大坝混凝土的极限拉伸值也大于 MHC 大坝混凝土的，达到 MHC 大坝混凝土的 130%左右。HBC 大坝混凝土抗拉强度和极限拉伸的增加，表示 HBC 大坝混凝土将比现用的 MHC 大坝混凝土具有更好的抗裂性。

(三)HBC 大坝混凝土的体积变形

混凝土的体积变形试验包括徐变和自生体积变形。本试验采用的配合比条件：$W/(C+F)=0.50$，$F=35\%$，高效减水剂 ZB－1A 掺量 0.5%，引气剂 DH9 掺量 0.065%，$W=84$ kg/m³，大坝采用四级配混凝土。试验方法按《水工混凝土试验规程》(SL 352—2006)进行，加荷龄期为 28 d 和 90 d。

1. 徐变性能

试验结果表明：无论 28 d 或 90 d 加荷龄期，HBC 大坝混凝土的徐变值与 MHC 大坝混凝土的徐变值基本相似。

2. 自生体积变形

混凝土在恒温绝湿无荷载的条件下，仅仅由于胶凝材料的水化作用引起的体积变形，即为自生体积变形。试验方法按《水工混凝土试验规程》(SL 352—2006)进行。混凝土试件尺寸为 200 mm×600 mm。

试验结果表明：在 MgO 含量较高(3.54%)的情况下，HBC 大坝混凝土的自生体积变形为微膨胀变形，90 d 微膨胀值 24.07 ye。MHC 大坝混凝土 MgO 含量虽然达到 3.95%，前期(28 d 前)表现为微膨胀，但此后逐渐出现微收缩，90 d 龄期微收缩为 17.21 ye。HBC 大坝混凝土在 MgO 含量较高情况下，自生体积为微膨胀型，有利于大坝混凝土的抗裂能力。

(四)小结

三峡工程大坝 HBC 大坝混凝土是高性能混凝土，处于世界领先水平。与 MHC 大坝混凝土相比，HBC 大坝混凝土的性能更为良好。对试验结果进行分析研究可知：

(1)采用与三峡工程混凝土完全相同的配比，HBC 大坝混凝土的早期强度(7 d)偏低，R_{28} 可达到或超过 MHC 混凝土的强度，R_{90} 则明显高于 MHC 大坝混凝土的强度。如采用优选的高效减水剂 WDN−7 后，则 HBC 大坝混凝土的早期强度可得到较大提高，后期强度也得到良好的发展。

(2)三峡工程大坝混凝土的设计极限拉伸变形要求不小于 $0.86×10^{-4}$，实际上 MHC 大坝混凝土的极限拉伸变形达到 $1.0×10^{-4}$ 左右，而 HBC 大坝混凝土的极限拉伸变形比 MHC 大坝混凝土的更优，抗拉强度也较大，其他性能如弹性模量、徐变性能、干缩和 MHC 大坝混凝土基本相近，自生体积变形为微膨胀型，有利于 HBC 大坝混凝土的抗裂性能。

四、HBC 大坝混凝土耐久性的研究

1. HBC 大坝混凝土的抗冻性

根据试验结果可以看出：三峡大坝工程内部混凝土的抗冻等级为 F100，外部水位变化区的混凝土抗冻等级为 F300。

采用 HBC 大坝混凝土，同样可以开发出满足 F300 的大坝外部高抗冻混凝土(掺 30% 的粉煤灰)，同时也可以配制满足 F100 的大坝内部混凝土(掺 40% 的粉煤灰)。HBC 大坝混凝土的抗冻性，完全可以满足三峡工程大坝混凝土抗冻性的

设计要求。

2. HBC 大坝混凝土的抗渗性

试验结果表明：HBC 大坝混凝土的抗渗等级均可大于 W10，满足三峡大坝混凝土抗渗等级的设计要求。

3. 小结

通过试验结果的比较分析，可以得出：

(1)完全采用三峡工程大坝混凝土的配合比时，HBC 大坝混凝土的抗冻性可以达到 F300 高抗冻混凝土的要求，满足三峡大坝外部混凝土的设计指标。

(2)从抗渗性能考察，HBC 大坝混凝土的抗渗性均可达 W10，满足三峡大坝混凝土抗渗等级的设计要求(W10)。

(3)HBC 大坝混凝土的耐久性良好。

五、HBC 大坝混凝土的热学性能与抗裂性分析

1. HBC 大坝混凝土的绝热温升

根据三峡工程大坝内部混凝土的配合比条件，进行了 HBC 和 MHC 大坝混凝土的绝热温升试验。

HBC 大坝混凝土的绝热温升比 MHC 大坝混凝土的要低，3 d 龄期的绝热温升低 4 ℃，7 d 龄期的绝热温升低 5.4 ℃，14 d 龄期的绝热温升低 4.3 ℃，28 d 龄期的绝热温升低 3.0 ℃。由此说明，采用 HBC 大坝混凝土将比 MHC 大坝混凝土具有更低的绝热温升值，对大坝混凝土温度控制更为有利。

2. 模拟实际工程温度条件下 HBC 大坝混凝土强度研究(变温条件下强度研究)

模拟实际工程大坝混凝土内部绝热温升随时间变化的养护方式，探索 HBC 大坝混凝土在变温条件养护下的强度发展规律，进一步研究 HBC 大坝混凝土的强度特性及实用性。

变温养护条件是指根据 HBC 大坝混凝土的绝热温升，确定养护制度：成型后 2 d 拆模，放入饱和石灰水中养护，保持石灰水温度分别为 29 ℃ 1 d、31 ℃ 1 d、32 ℃ 1 d、33 ℃ 2 d、35 ℃ 21 d，共计 28 d。

试验结果表明：

(1)在标准养护条件下，HBC 大坝混凝土的早期强度(7 d)只有 MHC 大坝混凝土的早期强度的 33% 左右，R_{28} 则与 MHC 大坝混凝土的基本相同，90 d、180 d 龄期的强度则超出 MHC 大坝混凝土的强度。在变温养护条件下，HBC 大坝混凝土的早期强度(7 d)即可接近标准养护条件下 MHC 大坝混凝土早期强度的水平，R_{28} 则比 MHC 大坝混凝土标准养护条件下的强度提高 73%。

(2)在标准养护条件下，28 d 龄期的 HBC 大坝混凝土弹性模量与 MHC 大坝

混凝土的相近，抗拉强度、极限拉伸变形稍大于 MHC 大坝混凝土的。

在变温养护条件下，28 d 龄期的 HBC 大坝混凝土的弹性模量比标准养护条件下 MHC 大坝混凝土的提高 30％左右，其抗拉强度和极限拉伸变形提高了 50％左右。可见，在变温养护条件下，HBC 大坝混凝土的力学性能比标准养护条件下有较大的提高。若采用 HBC 大坝混凝土为大坝内部混凝土，则可能进一步提高混凝土的抗裂能力。

3. HBC 大坝混凝土的抗裂性分析

文献资料表明，评价混凝土抗裂能力的指标不尽相同，如混凝土的抗拉强度、极限拉伸变形、水泥功能因素、热强比、抗裂系数等。根据现有的试验规程，关于混凝土抗裂性能的量化指标有混凝土的弹性模量及极限拉伸值、抗拉强度等。混凝土弹性模量的物理意义是使混凝土产生单位应变所需的应力，而极限拉伸值是表示混凝土在轴向拉伸断裂时的极限拉伸应变，说明的是混凝土容许变形的能力。

从纯材料的观点出发，如果混凝土的极限拉伸值大、抗拉强度高、绝热温升低等，则该混凝土的抗裂能力较好。

在温度控制设计中，最直观的评价是以混凝土的极限抗拉强度（极限拉伸应变×弹性模量）来表示抗裂能力（弹塑性方法）。

如果混凝土的极限抗拉强度大于需要承受的应力，则混凝土不开裂，否则裂缝不可避免。

这一思想主要是从混凝土的绝热温升、热量传递、温度应力分布的角度考虑的。为了控制大体积混凝土的温度裂缝需采取温控措施，其理论依据属结构应力分析的范畴。

4. 小结

（1）在相同的配比条件下，HBC 大坝混凝土初期的绝热温升较小，比 MHC 大坝混凝土的绝热温升低 3～5 ℃。该热学性能有利于降低大坝混凝土的温度应力，减少温度裂缝的产生。

（2）变温养护试验表明，HBC 大坝混凝土的早期（7 d）强度可以得到明显改善，后期强度可得到提高。如 HBC 大坝混凝土的早期（7 d）强度可达到 MHC 大坝混凝土的同等水平，R_{28} 则超出 MHC 大坝混凝土的强度 70％以上。

（3）根据弹塑性力学的抗裂能力和热力学的抗裂安全系数，以及变形能力抗裂系数三种指标分析计算，结果表明，HBC 大坝混凝土的抗裂能力优于 MHC 大坝混凝土的。

综上所述，HBC 大坝混凝土的优良热学性能及其良好的抗裂性能，对于大体积混凝土工程是非常有利的。采用 HBC 大坝混凝土可降低大坝混凝土的绝热温升，简化温控措施，提高抗裂能力，增强大坝混凝土的耐久性。如能在实际工程中推广应用，可取得良好的技术经济效益。（抗裂性分析主要依据《大体积混凝土》和《三峡工程第二阶段混凝土配合比设计总结报告》等有关资料进行。）

六、HBC 大坝混凝土的孔结构试验及分析

1. HBC 大坝混凝土的孔结构测定

实验表明：

（1）HBC、MHC 大坝混凝土的平均孔径随养护龄期的增长而逐渐减小，而孔隙率随养护龄期的增长而递减。

（2）孔分布结果表明，对混凝土结构和耐久性有害的大孔（即 $r > 5\,000$ A 的孔），7 d 龄期时 HBC 大坝混凝土比 MHC 大坝混凝土要多；28 d 龄期时两者相似；到 90 d 龄期时，HBC 大坝混凝土的有害孔数量将明显低于 MHC 大坝混凝土的，仅为 MHC 大坝混凝土的 67％，有害孔数量降低了 33％左右。这一测试结果与 HBC 大坝混凝土宏观性能的发展规律相似，说明 HBC 大坝混凝土具有较高的后期强度及耐久性。

2. 小结

HBC 大坝混凝土的孔结构研究分析表明：

（1）HBC 和 MHC 大坝混凝土的总压汞量、平均孔径、孔隙率等随龄期的增加而减小，而表观密度随龄期的增加而增加。混凝土性能发展规律良好。

（2）HBC 大坝混凝土中大于 5 000 A 的有害孔数量在后期明显低于 MHC 大坝混凝土的，进一步证实了 HBC 大坝混凝土后期性能良好和具有较高的耐久性。

七、结论

李金玉等以 HBC 为主要胶凝材料，开发研制了低热、高抗裂的 HBC 大坝混凝土，并与具有国际先进水平的三峡大坝工程中使用的 MHC 大坝混凝土进行了宏观和微观的系统比较试验，可以得出以下初步结论：

（1）HBC 大坝混凝土比 MHC 大坝混凝土具有更良好的工作性，完全可以满足三峡大坝工程的设计和施工要求。

（2）HBC 大坝混凝土具有良好的力学性能。在粉煤灰掺量 20％～40％的条件下（即三峡大坝不同部位的混凝土），R_{28} 与 MHC 大坝混凝土的基本相同或略有提高（抗压强度提高 0～22％，轴向抗拉强度提高 3％～12％）；90 d 龄期时抗压强度和轴向抗拉强度均有明显提高（抗压强度提高 11％～26％，轴向抗拉强度提高 3％～13％）；HBC 大坝混凝土早期强度较低，但变温养护条件下，7 d 龄期的抗压强度即达到 MHC 大坝混凝土的 90％。

（3）HBC 大坝混凝土 28 d 龄期和 90 d 龄期的弹性模量与 MHC 大坝混凝土的基本相似，而极限拉伸值无论 28 d 龄期或 90 d 龄期均有所提高（提高 2%～16%）。

（4）HBC 大坝混凝土的长期变形性能、徐变与 MHC 大坝混凝土的基本相似，干缩稍偏大，自身体积变形为微膨胀，有利于大坝混凝土的抗裂性。

（5）HBC 大坝混凝土具有良好的热学性能，其绝热温升比 MHC 大坝混凝土的降低 3～5 ℃，经弹塑性力学、热力学和弹塑性综合应变抗裂系数方式计算分析，HBC 大坝混凝土的抗裂性能将优于 MHC 大坝混凝土的，这对进一步提高大坝混凝土的抗裂性，减少大坝混凝土产生裂缝，将起到非常重要的作用。

（6）HBC 大坝混凝土具有良好的耐久性，掺 30%粉煤灰的 HBC 大坝混凝土可以达到 F300 高抗冻的要求，以及大坝混凝土抗渗等级 W10 的设计要求。

（7）微孔结构的试验证实，HBC 大坝混凝土中的有害孔数量低于 MHC 大坝混凝土的，从微观上初步说明了 HBC 大坝混凝土宏观性能良好的机理。

综上所述，新开发的 HBC 大坝混凝土是一种高抗冻、低热、高抗裂的新型大坝混凝土，并已在水电工程中使用。

第二节　混凝土表面保温抗裂喷涂技术开发及应用

一、概述

混凝土坝由于体积庞大，受其自身及环境温度、湿度变化的影响以及基础约束作用等，往往容易产生裂缝，从而破坏结构的整体性、抗渗性，降低混凝土的耐久性。因而尽量减少混凝土裂缝的产生，防止大坝渗漏，一直是水利水电工程建设中的重要课题之一，也是迄今尚未完全解决的难题。

大坝混凝土裂缝的产生原因较为复杂，防止裂缝的产生必须采取从优化防裂设计到合理施工、分缝分块，保证混凝土质量，提高混凝土抗裂能力等综合措施。大坝混凝土产生的裂缝，多数是表面裂缝，少量是深层贯穿裂缝，大部分贯穿裂缝是由表面裂缝发展而形成的。尤其在寒冷干燥、温差较大的地区，混凝土坝体的内外温差是导致混凝土建筑物表面产生裂缝的主要原因。因此在混凝土表面采取可靠的保温、保湿防护措施，是降低温度应力、干缩应力，减少和防止裂缝产生的关键措施。

关于水工混凝土建筑物表面防护技术和有关材料的研究与应用，早在 20 世纪 60 年代，国外就开展这方面的工作并应用于工程。我国在 20 世纪 70 年代初也开展了这方面的工作，并且在防水、抗渗材料的研究上取得了一定成果。

防水材料发展迅速、品种繁多，大致可分为两类：卷材类防水材料和涂膜类防水材料。卷材类防水材料包括沥青油毡、高分子卷材、高聚物改性沥青卷材等；涂膜类防水材料包括高分子类防水涂料（如聚氨酯防水涂料、丙烯酸类防水涂料、聚氯乙烯类防水涂料等）和无机类防水涂料（如常见的"水不漏""克渗漏"等粉状涂料）。我国保温材料的研究与应用在 20 世纪 80 年代取得了突破性进展，进入 90 年代后，膨胀珍珠岩及其制品（如膨胀珍珠岩砌块、珍珠岩复合板，泡沫塑料如聚氨酯泡沫塑料、聚苯乙烯泡沫塑料、聚乙烯泡沫塑料等）的应用骤增，其应用范围在工业保温方面发展较快，而在建筑保温尤其是在水工混凝土建筑物表面应用方面研究得尚不充分。虽采用了喷涂膨胀珍珠岩、粘贴聚苯乙烯泡沫塑料板等保温技术，但因效果不太理想、施工烦琐、耐久性差等，所以未能大面积推广应用。

保温要求材料导热系数低，其值越低，保温效果越好。由于静态空气的导热系数很低，约为 0.026 W/(m·K)，较一般材料低很多，因而大部分保温材料被引入微孔结构，以提高材料的保温性能。由于吸湿性大的材料易吸收外界水分，孔隙中的空气被水代替，导热系数增加（水的导热系数是空气的 24 倍），所以好的保温材料吸湿性要低，具有憎水性，即要求保温、防水两者相辅相成，缺一不可。

国外应用最广的是聚氨酯泡沫塑料（PUF）。PUF 是一种较好的保温防水材料，其导热系数低，可喷涂施工，与水泥、混凝土、砖石有很强的粘结能力，能形成连续的保温防水层，建筑物屋面、水工混凝土坝面上均可应用，因此应用较广。其国内在建筑物屋面上有应用，但在水工混凝土坝面上尚未开发，一方面是由于其原材料比较贵，大面积应用有一定困难；另一方面是由于水工混凝土所处的环境恶劣，对材料各方面的要求也更为苛刻。

防水保温板材常以聚乙烯泡沫塑料为保温材料，在保温板的单面或双面粘上防水卷材或片材，起到保温、防水双重作用。防水保温卷材常由防水卷材与保温材料如半硬质矿棉板条粘合而成，起到防水、保温双重作用。此类材料施工时多采用胶粘剂进行粘贴施工，将保温、防水、找平三道工序合并为一次施工，大大简化了施工操作步骤，缩短了施工工期，但存在接缝和异形部位施工较困难等缺陷，在施工时需小心处理。

国内报道最多的防水保温材料多为粉状保温防水材料，其多以轻质填料与高分子化合物反应制成。轻质填料常为石灰石、海泡石、工业矿渣等，掺入高分子憎水物质，经一定工艺制成，可常温作业施工。但其最大缺点是需铺设施工，压实作业，最后还需加一道保护层，不适宜在水工混凝土建筑物中应用，作为屋面、顶棚材料尚可。常用的保温防水方案是在保温层的上面做一层防水层，以达到防水、保温的目的，但这不可避免地带来了施工上的种种不便。因此研究一种适用于水工混凝土建筑物表面应用的保温抗裂材料，对保证工程质量、延长建筑物寿命意义重大。

二、研究目标和试验方案

1. 总体设想

本项目将研究开发利用喷涂工艺，在混凝土建筑物表面形成具有一定厚度的发泡型保护层，起到保温、防水、抗裂的效果。主要技术路线为两条：一条是开发一种能喷涂的以无机材料为主的复合型多孔保温防水材料；另一条是采用可喷涂的有机发泡材料。

2. 技术指标

主要技术指标如下：

(1)保温材料的导热系数不大于 0.1 W/(m·K)。

(2)渗透系数不大于 1×10^{-10} m/s。

(3)与混凝土的粘结强度不小于 0.2 MPa。

(4)喷涂施工速度不小于 200 m^2/h。

3. 试验方案

如何同时使材料具有保温、保湿、抗裂、防水等综合功能，是配方选优的关键。采取的试验方案如下：

(1)复合材料与单纯的有机或无机材料相比，具有造价低、施工方便、无污染等优点，因此首选以无机材料为主体，掺入一定量有机材料和固体泡沫颗粒的复合材料。

(2)有机发泡材料具有导热系数低、保温效果好等优点，因此还进行了有机发泡喷涂材料的试验研究。

三、复合保温材料的研发及喷涂工艺试验

(一)复合保温材料的优选

1. 室内试验方法

选用 4 cm×4 cm×16 cm 试模，先成型 2 cm×4 cm×16 cm 下面一层普通水泥砂浆，待其硬化后形成基底，再在其上面成型不同配方的保温层。标准养护28 d 后进行抗弯试验以及粘结面的劈裂抗拉强度试验，试验方法参照《水工混凝土试验规程》(SL 352—2006)中有关水泥砂浆试验部分。

2. 复合保温材料的组成

复合保温材料由以下主要材料组成：

(1)无机胶凝材料——水泥。

（2）有机胶凝材料——乳液型聚合物。

（3）固体泡沫颗粒。

（4）添加剂。

（5）水。

以上材料经过拌合，形成复合型保温材料。为使材料的性能达到要求，进行了胶凝材料及保温材料的选优试验。

3. 胶凝材料的选择

胶凝材料以水泥为主体，掺入一定量的有机乳液聚合物，形成复合胶凝材料，而有机乳液能否与水泥碱性条件相容并形成连续的网膜，是复合材料具有良好粘结性的关键，因此进行了不同乳胶对粘结性能影响的选优试验。

4. 保温材料的选择

轻质保温材料的品种很多，均为含有大量空气的固体泡沫材料，试验初选了膨胀珍珠岩、粉煤灰浮珠、聚苯乙烯发泡颗粒。

膨胀珍珠岩易获得且价廉，但颗粒大小不均，对所成型的试件性能影响极大，原料性脆，在运输使用中颗粒级配容易变化，且施工操作中粉尘较多，对环境、施工人员不利，吸湿性较大，故而舍弃不用。

粉煤灰浮珠对降低试件密度效果不好，亦舍弃不用。

聚苯乙烯发泡颗粒价格较膨胀珍珠岩高，但其导热系数低，吸湿性小，且颗粒大小均匀，可以选择，材料性能利于调控，因此选做主要保温材料。

（二）养护方法及底涂对试件性能的影响

试验过程中发现，传统标准养护方法对保温层性能增长不利，试件长时间不能完全硬化，且界面处有乳液析出，故决定改变养护方式，寻找对其性能较佳的方法。一种为自然养护。另一种为先标养 7 d，再自然养护。同时对在基底和保温层之间是否要采用底涂层以加强粘结效果，也进行了对比试验。

实验表明，第二种养护方法对试件性能的发展较有利，原因在于掺加了乳液改性的保温材料。其硬化过程不但有水泥的水化过程，而且有乳液成膜的过程，两个过程所需外界条件不同：水泥硬化最佳条件是处于潮湿环境，而乳液若要取得较好的强度，需在干燥条件下养护。因而早期潮湿养护，继而干燥养护利于胶乳中聚合物颗粒聚集成膜，是较佳的养护方式。加底涂后，对抗折强度无很大影响，但劈裂抗拉强度提高了约 27％。

（三）正交试验设计配方选优

在初步试验的基础上，为了在较少试验组数的基础上对配方整体效果做进一步的选优和分析，选择水灰比、乳液掺量、固体泡沫掺量及助剂掺量 4 个因素，进行了正交选优试验，以抗折强度和劈裂抗拉强度作为评定指标。

经正交分析表明：

(1)水灰比越小，劈裂抗拉强度及抗折强度越高。

(2)乳液掺量越大，劈裂抗拉强度及抗折强度越高。

(3)固体泡沫掺量为 5% 时，劈裂抗拉强度及抗折强度最高。

(4)助剂掺量为 1.0% 时，劈裂抗拉强度最高；掺量为 0.5% 时，抗折强度最高。

由试验结果可以看出，水灰比及乳液掺量对试件性能的影响大于固体泡沫掺量及助剂掺量对试件性能的影响。在此基础上，进行了验证试验，并选出较好的试验配方进行喷涂试验。

(四)复合保温材料的喷涂工艺试验

1. 喷涂工艺参数的选优试验

在配方选优的基础上，进行了复合保温材料的喷涂工艺参数的选优试验。喷涂试验目的是确定适合喷涂的工艺参数，试验的主要内容包括材料的稠度(流动度)和可喷性、拌合机种类及合理的拌合时间，以及喷涂空气压力、喷涂机转速、喷涂距离等。

试验结果说明：保温材料适合喷涂的稠度为 8～10 cm，拌合机应采用强制式拌合机，拌合时间不少于 3 min，喷涂的压力为 0.4～0.6 MPa，喷涂距离为 30 cm 左右。

2. 喷涂材料的力学性能试验

由喷涂试验结果可以看出：①喷板试验 14 d 轴拉粘结强度可大于 1.0 MPa，本体抗压强度可达 9.3 MPa；②喷墙试验保温层与墙面的粘结强度大于 0.4 MPa；③喷涂的试验结果要优于室内成型结果，喷涂工艺有利于增加复合保温材料的密实性和粘结效果，提高了本体强度和粘结强度。

(五)复合保温材料的特性试验

由特性试验结果可以看出：①复合保温材料具有良好的保温效果，其导热系数和放热系数均为普通混凝土的 10% 左右；②复合保温材料的渗透系数仅为 0.44×10^{-10} m/s，具有良好的抗渗效果；③复合保温材料经快速冻融试验，抗冻等级超过 F200，具有良好的抗冻耐久性。

四、聚氨酯发泡保温材料的性能和喷涂工艺试验

1. 材料配方

选用混合聚醚和多异氰酸酯进行了初步配方和施工工艺试验，设计基本配方如下：

A组分：聚醚混合物 60.2%，扩链剂 3%，催化剂 0.2%，稳泡剂 1.6%，

发泡剂 35％。

B组分：多异氰酸酯。

A组分和B组分用量比为 1：1。

2. 喷涂工艺试验

两组分料分别由计量泵输送至喷枪内混合，用干燥的压缩空气作为搅拌能源，再在压缩空气作用下，将混合物喷射至水泥石棉板上，在 5 s 左右即形成聚氨酯发泡保温层。

由试验结果可以看出：

(1)发泡型保温材料属轻质保温材料，内部含有大量气泡，因此密度仅为 35 kg/m³。

(2)该种材料抗压强度为 0.1~0.2 MPa，粘结强度为 0.1 MPa。

(3)发泡型保温材料导热系数非常小，仅为 0.031 W/(m·K)，是混凝土的 1.3％，是复合型保温材料的 12.5％，是目前保温材料中导热系数最小的材料之一，说明聚氨酯发泡保温材料具有优良的保温效果。

(4)发泡型保温材料，经 100 次快速冻融循环，粘结面未脱开，表层无脱落，说明发泡型保温材料具有良好的抗冻耐久性。

五、技术经济分析

综合经济效果分析可以看出，新开发的复合保温材料喷涂技术和发泡保温材料喷涂技术，技术经济效果等均优于传统的保温技术。复合保温材料具有保温效果良好、粘结强度高、耐久性能好、施工速度快、价格合理等特点，而发泡保温材料具有更优良的保温效果，且施工速度快、耐久性好，也适用于混凝土工程表面的保温和防水抗裂，但是价格稍高于复合保温材料。

六、工程应用

1. 复合保温喷涂技术在江西下会坑水电站大坝中的应用

下会坑水利枢纽工程位于江西省上饶县境内，是一座以发电为主，兼灌溉、防洪、养殖等为一体的综合利用的中型水利水电工程。大坝为混凝土砌石拱坝，坝体材料为 150 号细石混凝土砌(块)石。上游面采用 C20 混凝土面板防渗，防渗板顶厚 0.5 m，底厚 3 m。该坝最大坝高 101 m，是国内最高的混凝土砌石拱坝之一。该大坝工程自 1998 年正式浇筑，于 2000 年竣工。

在施工中发现，大坝 342 m 高程以下混凝土防渗面板有许多裂缝。据专家分析，裂缝的产生主要是混凝土温度应力所致。鉴于混凝土防渗面板裂缝直接影响其防渗要求及今后大坝的安全运行，经中国水利水电科学研究院结构材料研究所与下会坑水利枢纽工程指挥部商定，将中国水利水电科学研究院结构材料研究所多年来对混凝土裂缝修补处理的成功经验和电力部科技攻关成果——混凝土面板保温防渗技术应用到下会坑水利枢纽工程中。对大坝混凝土防渗面板 44 条裂缝进行了弹性防渗灌浆修补，并在 342 m 高程以下的面板表面进行了复合保温喷涂处理，喷涂总面积达 1 500 ㎡，圆满完成了修补处理工作，通过了工程指挥部组织的验收。

2. 高分子发泡保温防渗喷涂技术在山西汾河二库中的应用

汾河二库位于太原市西北悬泉寺汾河干流上，上游距汾河水库 80 km，是一座以防洪、灌溉为主，兼顾发电和旅游等综合利用的大型重点水利枢纽工程。汾河二库集雨面积为 2 348 km²，区间年径流为 1.45 亿 m³，水库总库容为 1.33 亿 m³，总装机容量为 9 600 kW。枢纽大坝为碾压混凝土（RCC）重力坝，最大坝高 88 m，坝长 227 m，坝顶高程 912 m。工程建成以后与上游的汾河水库联合运行，可使太原市的防洪标准由原来的 20 年一遇提高到 100 年一遇，同时为太原市工业和生活供水 1.1 亿 m³/年，水电站年发电量为 2 350 kW。大坝混凝土工程自 1998 年 8 月浇筑，至 1999 年 12 月基本完成。在施工过程中由于分块较长、温度应力过大，坝体和坝基廊道上下游浇筑块出现了一些裂缝，虽进行了修补灌浆，但由于坝体温度尚未稳定，裂缝有可能还会生成和发展，因此有必要"加强大坝上游面的防渗保温措施"（引自《山西省汾河二库水利枢纽工程蓄水安全鉴定报告》），确保大坝蓄水后的安全运行。

汾河二库指挥部要求施工单位采用了高分子发泡保温防渗喷涂技术，对汾河二库碾压混凝土大坝上游面进行了保温防护施工。防护范围为大坝上游面，自坝顶 902 m 高程至 870 m 高程（正常蓄水位 871 m）。施工时间为 2000 年 10 月 11 日至 11 月 16 日和 2001 年 5 月 16 日至 7 月 20 日。总共完成保温层喷涂 6 400 ㎡，表面防护层 9 300 ㎡，施工效果良好。

七、小结

本项目开发了复合发泡保温材料和有机高分子发泡保温材料，并形成了一套行之有效的喷涂技术。该项新技术已经在工程中得到了初步的推广应用，并取得了良好的技术经济效果。相信在今后的工程实践中，该项新技术将得到不断的改进和提高，在工程实践中发挥更大的效益。

第五章　大坝混凝土水质侵蚀研究

第一节　高浓度及应力状态下混凝土硫酸盐侵蚀研究

一、概述

混凝土的硫酸盐侵蚀是混凝土老化病害的主要问题之一。我国沿海地区的混凝土建筑物，西北、西南地区的混凝土建筑物，均有因硫酸盐侵蚀而引起破坏的工程实例。混凝土硫酸盐侵蚀的研究，国外开展得很早，俄国的科学家早在 20世纪初期就进行了硫酸盐侵蚀的研究，并把硫酸盐侵蚀归为水泥的第三类腐蚀，即盐类腐蚀。至 20 世纪五六十年代，苏联、美国、欧洲等国均相继制定了混凝土抗腐蚀的有关标准，并研制出提高混凝土抗蚀性的新材料、新技术，在防止和延缓混凝土的硫酸盐侵蚀方面取得了明显的效果。

我国自 20 世纪 50 年代初期也开始了混凝土硫酸盐侵蚀的研究，主要进行了硫酸盐侵蚀的试验方法和破坏机理的初步探索，同时也进行了提高混凝土抗硫酸盐侵蚀性的初步研究。1986 年，《铁路混凝土及砌石工程施工规范》(TBJ 210—1986)中提出了"环境水对混凝土侵蚀标准及防护措施"。1991 年我国正式颁布了《建筑防腐工程施工及验收规范》(GB 50212—1991)，在这一规范中提出了硫酸盐的侵蚀标准：水中 SO_4^{2-} 含量大于 4 000 mg/L 为强侵蚀，1 000～4 000 mg/L 为中等侵蚀，250～1 000 mg/L 为弱侵蚀；同时对防腐混凝土的设计、施工和养护也做出相应的规定。这标志着我国在混凝土抗硫酸盐侵蚀的研究和应用上有了较大的发展。但是，国内外混凝土硫酸盐侵蚀的研究，主要进行的是单因素侵蚀的研究，即只考虑了水中侵蚀离子的侵蚀作用。而实际建筑物中，混凝土结构却是在一定应力作用下运行的。目前建筑物的设计依据和标准，主要还是考虑应力及允许应力。当建筑物运行环境中存在硫酸盐侵蚀时，混凝土是处在一定应力下抵抗硫酸盐侵蚀的，因此以无应力状态为基础进行的混凝土一系列抗硫酸盐侵蚀的研究，都有一定的局限性，与实际有一定的差距。为了使研究成果更接近工程实践，更好地增强混凝土的安全性和耐久性，同时也为了进一步提高我国混凝土抗硫酸盐侵蚀的研究水平，我国开展了高浓度和应力状态下混凝土抗硫酸盐侵蚀性研究。

二、研究的主要内容和技术指标

研究的主要内容如下：

（1）不同应力和不同浓度下混凝土的硫酸盐侵蚀规律，包括浸泡法和干湿循环法。

（2）不同水泥品种、不同外加剂和不同活性掺和料的改性措施，对混凝土抗硫酸盐侵蚀性的提高。

（3）不同的表面防护材料对混凝土抗硫酸盐侵蚀性的提高。

要求的技术指标如下：

（1）SO_4^{2+} 浓度 $\geqslant 8\,000$ mg/L。

（2）试验应力为破坏应力的 $10\%\sim30\%$。

（3）抗侵蚀措施，提高抗侵蚀能力 50% 以上。

在实际研究中进行的 SO_4^{2-} 浓度为 10 000 mg/L、20 000 mg/L、30 000 mg/L 以及 80 000 mg/L，同时考虑到高浓度和低浓度时硫酸盐侵蚀机理的差别，因此也进行了低浓度时（SO_4^{2-} 浓度为 850 mg/L）应力状态下混凝土的硫酸盐侵蚀研究。在应力的等级上，比要求指标也有所提高，即进行了 0%、10%、20%、30%、45%、50% 六个等级应力下混凝土的硫酸盐侵蚀试验，因此在实际试验中研究的内容有所扩展和提高。

三、试验设计

(一)应力架的研制

应力状态下混凝土的硫酸盐侵蚀研究，关键是应力架的设计和加工，研制的应力架应达到以下要求：

（1）保证试件能加载到一定的应力等级，并使试件的应力在较长时间内维持一定的数值，即保持一定的应力等级。

（2）应力架要比较轻巧，便于进行硫酸盐侵蚀的浸泡和干湿循环试验。

（3）为了尽量缩减浸泡容器的体积，节省应力架的加工量，要实现一个架子多个试件。

（4）应力架要长时间浸泡在硫酸盐溶液中，因此需要防锈、防侵蚀。

(二)试验方法

1. 试件的配比及制作

试件的配合比有两种：①灰∶砂∶水＝1∶2.5∶0.65；②灰∶砂∶水＝1∶4∶0.80。试件的成型和养护方法与《水泥胶砂强度检验方法》（GB/T 17671—1999）相似，标准养护 28 d 后进行抗侵蚀试验。

2. 侵蚀溶液的配制

侵蚀溶液采用工业纯硫酸钠配制，SO_4^{2-} 浓度分别有高浓度 10 000 mg/L、20 000 mg/L、30 000 mg/L、80 000 mg/L 以及低浓度 850 mg/L 五种，侵蚀溶

液放于150 L容积带试件架的玻璃试验箱中，每一个月换一次。

3. 试件基准值（初始值）的测试

试件成型养护28 d后，进行基准值的测试，测试的项目有抗折强度和抗压强度，试验方法按《水工混凝土试验规程》（SL 352—2006）进行。

4. 应力等级及加荷

试验的应力等级分为0%、10%、20%、30%、40%、50%六种。根据测得的基准抗折强度和不同要求的应力等级，即可计算出不同的加荷值。根据不同的加荷值，即可确定应力扳手的扭矩。每个应力架可装4个试件，通过应力扳手拧紧螺母，当应力扳手达到预定扭矩时，则试件达到了一定的抗弯应力，整个应力架也组装完毕。

5. 浸泡和干湿循环

试验以两种方法进行：一种为浸泡法；一种为干湿循环法。浸泡法是将一定数量的试件，包括有应力、无应力的试件长期浸泡在一定SO_4^{2-}浓度的溶液中，隔一定时间（一个月）后，对抽样进行抗弯强度和抗压强度的测定，其余试件继续放入溶液中浸泡，一般试验周期为3～4个月。干湿循环法是先将试件浸泡3.5 d，然后从浸泡箱中取出在室内自然干燥3.5 d（相对湿度60%～65%），每7 d为一个循环；经5个循环后，抽出一组进行抗弯强度、抗压强度的测试，试验周期一般为20个循环。

为了保证试验过程中试件所受应力的稳定性，带应力的应力架应每周用应力扳手调整一次，消除由试件的徐变或其他机械原因产生的应力松弛。

四、试验结果和分析

1. 不同浓度、不同应力等级下的浸泡试验

（1）当SO_4^{2-}浓度高达80 000 mg/L时，经3个月浸泡，无应力状态下混凝土已受到较大的侵蚀，弯拉抗侵系数K_p为37.8%，弯压抗侵系数K_c为40.2%。而当在40%应力条件下，侵蚀情况更为严重，试件在浸泡3个月时已经产生断裂。说明在高浓度、高应力状态下，将加速混凝土的硫酸盐侵蚀。

（2）当SO_4^{2-}浓度在10 000～30 000 mg/L时，经4个月浸泡，无应力状态下试件的弯拉抗侵系数没有明显降低，说明试件尚未达到破坏，即使在有应力（20%～50%）状态下，弯拉抗侵系数下降也不很明显。当SO_4^{2-}浓度为10 000 mg/L时，50%应力条件下，经4个月浸泡，弯拉抗侵系数仅下降10%左右，但弯压抗侵系数在有应力状态下，有明显下降，下降了近26%。说明在较低的SO_4^{2-}浓度下，只有在较高的应力状态下，才有可能促进混凝土的硫酸盐侵蚀，而且对弯压抗侵系数K_c影响较大（即抗压强度下降较为显著）。

(3)混凝土受硫酸盐侵蚀时破坏的机理是较为复杂的，总体上看，主要是硫铝酸钙的结晶破坏和硫酸钙的结晶破坏。一些学者通过试验和分析认为，当硫酸盐浓度较低时，如当 SO_4^{2-} 不大于 1 000 mg/L 时，主要表现为硫铝酸钙(钙矾石)的结晶膨胀破坏；当 SO_4^{2-} 大于 1 000 mg/L 时，除了产生钙矾石结晶外，还产生硫酸钙结晶(石膏结晶)，因此出现了双重结晶的膨胀破坏；当 SO_4^{2-} 浓度很高时，钙矾石的膨胀作用将降低，主要表现为石膏膨胀破坏。因此在研究应力对混凝土的硫酸盐侵蚀的影响时，也进行了低浓度 SO_4^{2-} 下、不同应力等级下的浸泡试验。

由试验结果可以看出：

①在 SO_4^{2-} 为 850 mg/L 的较低浓度下，混凝土试件在无应力状态下浸泡半年，其弯拉抗侵系数和弯压抗侵系数稍有下降，但均大于 95%，说明试件经半年浸泡，尚未产生明显的侵蚀作用。

②在 20%、40%应力作用下，经半年浸泡，抗侵系数与无应力状态相比无多大变化。即在 SO_4^{2-} 低浓度情况下，经半年浸泡，在 40%应力以下时，不会对抗侵能力产生明显的影响。同时，弯拉抗侵系数和弯压抗侵系数相比，应力对弯压抗侵系数的影响较为明显，有随应力增加而弯压抗侵系数下降的趋势。

2. 不同浓度、不同应力等级下的干湿循环试验

(1)当 SO_4^{2-} 浓度高达 80 000 mg/L 时，试件经 20 个干湿循环，历时 140 d，无应力状态下的试件弯压抗侵系数基本没有变化(为 99.7%)，即混凝土的抗压强度几乎没有发生下降；但弯拉抗侵系数下降较大，仅剩 51.1%，即经 20 个干湿循环，混凝土的抗拉强度有明显下降，下降一半左右。在有应力的状态下，弯压和弯拉抗侵系数均随应力的提高而呈现有规律的递降，应力越大，下降越多。如弯压抗侵系数，无应力状态下为 99.7%，20%应力状态下为 83.6%，40%应力状态下为 80.5%；弯拉抗侵系数，无应力状态下为 51.1%，20%应力状态下为 45.5%，40%应力状态下为 35%。由此说明在高浓度 SO_4^{2-} 下、干湿循环条件下，应力会明显加速混凝土的硫酸盐侵蚀，而且对抗拉强度的影响大于对抗压强度的影响。

(2)当 SO_4^{2-} 浓度为 10 000~30 000 mg/L 时，无应力状态下的试件混凝土的弯拉抗侵系数为 105%~110%，即抗拉强度没有降低，但弯压抗侵系数在 78.1%~109.8%波动。说明混凝土的抗压强度在一定情况下会出现降低，但降低幅度不太大，可以总体上认为混凝土尚未被侵蚀。当在 20%~50%的应力状态下，混凝土的弯拉抗侵系数在 98.6%~120.7%波动，弯压抗侵系数在 87.3%~116%波动，说明混凝土仍然完好，也未被侵蚀。由此说明在这一条件下应力对混凝土的硫酸盐侵蚀没有产生加剧的作用。

3. 混凝土抗硫酸盐侵蚀技术的试验

采用了掺引气剂、掺用优质粉煤灰超量取代和使用特种水泥——铁铝酸盐水泥三种措施进行试验。

由试验结果可以看出：

(1)在高浓度 SO_4^{2-}（80 000 mg/L）干湿循环条件下，基准混凝土经 20 个循环后，无应力状态下的弯拉抗侵系数为 51.1%，而且有随着应力增加破坏呈加剧的趋势；20%应力下弯拉抗侵系数为 45.5%，40%应力下弯拉抗侵系数为 35.0%，应力对基准混凝土的抗侵蚀性有明显的影响。

(2)引气混凝土经 20 个干湿循环后，无应力状态的弯拉抗侵系数为 52.3%，与基准混凝土相似。但应力的影响不明显，并且出现有应力时弯拉抗侵系数增加的趋势，20%应力下 K_p 为 62.1%，40%应力时 K_p 为 81.7%，因此引气混凝土有改善高浓度硫酸盐侵蚀的效果。

(3)粉煤灰混凝土在高浓度 SO_4^{2-} 干湿循环条件下，无应力情况下抗侵蚀能力比基准混凝土有所改善。经 20 个循环，基准混凝土的 K_p 为 51.1%，K_c 为 99.7%，粉煤灰混凝土的 K_p 为 77.2%，K_c 为 119.1%。在有应力情况下，与基准混凝土相似，抗侵系数随应力的增加而降低，特别是弯拉抗侵系数，当应力达 40%时，出现了明显降低，无应力状态下 K_p 为 77.2%、20%应力下 K_p 为 71.7%、40%应力下 K_p 为 36.2%，粉煤灰混凝土在高浓度 SO_4^{2-} 下，对改善应力下的硫酸盐侵蚀效果不明显。

(4)铁铝酸盐水泥混凝土在高浓度 SO_4^{2-} 干湿循环条件下，无论有应力或无应力状态，混凝土的抗侵能力均有明显提高。经 20 个循环后，无应力状态下，K_p 为 127.0%，基准混凝土为 51.1%。在有应力情况下，铁铝酸盐水泥混凝土的弯拉抗侵系数 K_p 有随着应力的提高而降低的趋势，但即使应力达 40%时 K_p 为 91.1%，仍比基准混凝土 K_p 的 35.0%要提高近 3 倍。弯压抗侵系数在应力增加时不仅不降低，反而有升高的趋势，无应力状态下 K_c 为 103.6%，20%应力下 K_c 为 122.7%，40%应力下 K_c 为 133.3%。因此说明，无论在无应力或有应力的情况下，铁铝酸盐水泥混凝土均具有良好的抗高浓度硫酸盐侵蚀的能力。

(5)在低浓度 SO_4^{2-}（850 mg/L）浸泡下，不同应力等级条件下，不同品种混凝土的抗侵特性与高浓度情况下有所差别。经 6 个月浸泡，无应力状态下粉煤灰混凝土的抗侵系数 K_p 和 K_c 不仅高于基准混凝土，也高于引气混凝土和铁铝酸盐水泥混凝土。在 40%应力状态下，粉煤灰混凝土的抗侵系数 K_p 和 K_c 同样高于基准混凝土和引气混凝土及铁铝酸盐水泥混凝土，说明在低浓度 SO_4^{2-} 情况下，粉煤灰混凝土对改善应力下的硫酸盐侵蚀效果良好。

五、小结

(1)本研究进行了不同应力等级下，不同 SO_4^{2-} 浓度、不同环境条件（浸泡及干湿循环)的混凝土硫酸盐侵蚀及抗侵技术的试验。

（2）应力对硫酸盐侵蚀的影响规律较为复杂，不同的应力等级、不同 SO_4^{2-} 浓度以及不同环境条件，应力对侵蚀的影响规律不一样，并非应力条件下就一定加速混凝土的硫酸盐侵蚀。

（3）在 SO_4^{2-} 浓度高达 80 000 mg/L 的情况下，无论混凝土处在浸泡条件还是干湿循环条件下，应力的作用均会加速混凝土的硫酸盐侵蚀。应力等级越高，侵蚀速度越快。在 40％应力等级时，经 3 个月浸泡或 20 个干湿循环，混凝土试件即发生断裂破坏。

（4）在 SO_4^{2-} 浓度为 10 000～30 000 mg/L 浸泡的情况下，当应力等级大于40％时，会明显加速混凝土的硫酸盐侵蚀；而在干湿循环条件下，应力等级达50％时，混凝土的抗侵系数与无应力相比无明显下降，说明在这一浓度范围内干湿交替的环境下，应力对硫酸盐侵蚀的影响不明显。

（5）低浓度 SO_4^{2-}（<1 000 mg/L）下，应力等级不大于 40％时，应力作用不会加速硫酸盐侵蚀。

（6）采用铁铝酸盐水泥，可以明显地提高混凝土在应力条件下抗高浓度硫酸盐侵蚀的能力，采用粉煤灰混凝土可以提高低浓度 SO_4^{2-} 下混凝土抗硫酸盐侵蚀的能力。

（7）应力和硫酸盐双因素作用下，混凝土侵蚀规律的研究尤其是破坏机理的研究，是一个较复杂的课题。

第二节　高浓度及应力状态下混凝土抗硫酸盐侵蚀技术开发及现场实施

一、高浓度及应力状态下混凝土抗硫酸盐侵蚀技术室内研究成果

研究采用了两条路线：一是混凝土本体材料的改性；二是在混凝土表面涂层防腐。

1. 混凝土本体材料的改性

由试验结果可以看出：

（1）基准混凝土在高浓度硫酸盐干湿循环条件下，侵蚀速度非常快，经 10 个干湿循环，无应力状态下抗侵系数 K_p 只剩下 17.5％～51.1％，40％应力下试件近于崩毁，抗侵系数仅为 18.5％。浸泡 2 个月条件下，无应力和 40％应力状态下抗侵系数也很低，为 40.5％～46.1％。由此说明在高浓度 SO_4^{2-} 侵蚀下，基准混凝土破坏非常明显，而干湿循环下混凝土的破坏更为严重。

（2）采用第二系列或第三系列水泥混凝土时，无论干湿循环或浸泡条件，也无论有应力或无应力状态，混凝土的抗侵系数均为基准混凝土抗侵系数的85％以上，说明第二系列或第三系列水泥混凝土在高浓度SO_4^{2-}侵蚀条件下有很高的抗侵能力。

（3）采用复合混凝土时，无论干湿循环或浸泡条件，也无论有应力或无应力状态，在高浓度SO_4^{2-}侵蚀条件下显示出非常高的抗侵能力，其抗侵系数为基准混凝土抗侵系数的120％以上，比基准混凝土具有更良好的抗侵蚀能力。

（4）掺用粉煤灰（超量取代），在无应力条件下可以提高混凝土的抗侵能力，但在40％应力条件下，抗侵性能基本没有提高。

（5）掺用引气剂时，对改善应力条件下高浓度SO_4^{2-}的侵蚀有较好的效果，在干湿循环应力40％条件下，基准混凝土K_p仅为无应力条件下的35％，而引气混凝土可达81.7％。

2. 混凝土涂层防腐

（1）涂层材料：为了提高防腐效果并方便工程应用，均选用有机高分子涂层材料，试验的涂层品种有水溶性环氧、纯丙、改性丙烯酸、EVA、氯丁、硅橡胶乳液等材料。

（2）试验条件和评定指标：与本体改性试验时相同。

（3）试验结果：

①基准混凝土外部如采用防腐涂层进行防护处理，可以提高混凝土在高浓度SO_4^{2-}条件下的抗侵能力。

②在不同涂层材料中，以纯丙、EVA和氯丁三种涂层材料的防腐效果最佳。当基准混凝土已处于受侵蚀崩毁的阶段时，涂层（如纯丙、氯丁）防护的混凝土有的强度还在增加。

二、高浓度及应力状态下混凝土抗硫酸盐侵蚀技术现场实施

1. 工程概况

高浓度及应力状态下混凝土抗硫酸盐侵蚀技术现场实施是在江苏省滨海县混凝土海堤应急防护工程中进行的。滨海县属江苏省沿海地区，也是该省沿海土地受海潮、海浪侵蚀最严重的海岸之一。100多年以来，滨海海岸线已被侵蚀后退17 km，平均每年蚀退200～300 m。该地区原修筑有砌石土堤，但由于设防标准偏低，在2014年11号台风来临时，海堤全线告急，砌石护坡被大量毁坏，岳堆、陶湾两处海堤决口，直接威胁到人民生命、财产的安全。为提高滨海海堤抗海潮、防台风的标准，确保该地区沿海土地和人民生命、财产安全，江苏省决定在滨海县兴建海堤达标工程。设计标准为50年一遇潮位加10级风浪。第三批混凝土海堤工程总长为1 300 m，投资额为1 753万元；第四批海堤工程总长为

1 025 m，投资额为828.9万元。新建的混凝土海堤采用混凝土护坡并加钢筋混凝土小梁式栅栏板消浪结构。对该堤防的结构形式，河海大学进行了模型试验，证明其挡潮消浪效果较好。但是在海堤混凝土材料的设计上，仅有强度等级的要求（C10～C25），而没有防腐、抗冻等耐久性要求。水利部门和港工部门的大量调查表明，沿海地区的混凝土工程由于受到海水中硫酸盐和氯离子的侵蚀，很容易产生胀裂、剥蚀和钢筋锈蚀等问题，加之在气温较低的地区，混凝土还会受冻融破坏。因此在相关工程技术规范中均明确规定了，沿海混凝土工程除应满足强度要求外，还必须满足抗侵蚀、抗冻融等耐久性要求，如要求采用抗侵水泥掺用引气剂等，要求钢筋混凝土结构的保护层不小于5 cm，混凝土的最大水灰比不大于0.45等。但是滨海海堤已建的第三期混凝土工程中，没能按设计规范提出的有关耐久性要求进行设计，这一结果必将影响到工程的安全耐久运行。为了提高沿海堤防混凝土工程的质量，在水利部水管局和江苏省水利厅的大力支持下，中国水利水电科学研究院结构材料研究所与盐城市水利局协作，进行了滨海海堤混凝土防腐抗冻涂层的现场试验。

2. 防腐涂层的实施部位

经与海堤工程指挥部协商，防腐涂层现场试验在第三期工程中进行，桩号4 km+452 m～40 km+472 m，标高+0.0 m～+3.0 m，共在8个断面上进行，即在小梁式栅栏板结构部位进行。每个断面的表面积约70 m²，8个断面防护总面积约560 m²。小梁式栅栏板结构属典型的弯曲应力下硫酸盐干湿循环的侵蚀条件，因此现场试验采用两种材料的涂层，南部4个断面采用纯丙涂层，北部4个断面采用改性EVA涂层。

3. 防腐涂层的实施工艺

为了保证涂层与结构的粘结质量和快速施工，防腐涂层的施工采用喷涂技术。主要设备为无气高压喷涂机和高压清洗机。无气高压喷涂机能使喷出的料中不带空气，能保证涂层的密实和均匀，而且喷涂速度较快，在平面的条件下，每小时喷涂速度可达200 m²。高压清洗机主要用于混凝土表面的清洗，不仅可以冲去混凝土表面的杂物，而且可以冲去混凝土表面的浮浆，使涂层与混凝土有良好的结合。

具体施工工艺如下：

格栅及护面混凝土结构的清理—混凝土表面钢丝刷刷毛—高压水冲洗—喷涂底层—喷涂二层—喷涂面层（第三层）—格栅小梁接头处加涂。

在本次试验中，由于海堤格栅结构已经形成，小梁底部已属半隐蔽结构，给清理、清洗及喷涂作业带来较大的难度，但由于采用的设备较为先进，加上仔细操作，保证了涂层施工的质量。

4. 现场试验小结

(1)滨海海堤是江苏沿海地区一项重要的挡潮护土达标工程，从结构形式到第三期施工的总体质量是较好的，但海堤混凝土未能按水工混凝土结构设计规范有关耐久性技术要求进行设计，必将影响到海堤混凝土工程的安全耐久性及使用寿命。

(2)对海堤混凝土进行防腐抗冻的表面防护处理(喷涂保护层)，可以较大地改善和提高海堤混凝土工程的耐久性。

(3)防腐抗冻喷涂现场试验是在第三期工程中进行的，历时 6 d，试验总面积为 560 m²。试验结果表明，采用的工艺是合理的，使用的机械是先进的。两种防护材料具有较好的可喷性和可涂性，与混凝土基底能良好地结合，经 2 h 左右即可达到表干，可以实现大规模快速连续施工。

(4)涂层材料具有良好的防腐效果，虽然在室内试验中得到了证实，但在沿海工程中尚属初步应用，需不断改进和提高。

第六章　大坝混凝土抗冲耐磨技术研究

第一节　铁矿石集料超高强抗冲耐磨混凝土研究

　　一种新结构的出现，往往与一种新材料的诞生密切相关。任何建筑物的优化设计，总是在保证功能、耐久性的基础上，向缩小断面尺寸、减少工程量的方向发展。目前混凝土坝设计的主要依据是稳定性、强度和耐久性，因此，如果能研制出一种高密度、高强度、高耐久的特种混凝土材料，就可能给混凝土坝的设计带来新的变革，同样会给其他混凝土建筑物的设计优化和结构创新提供基本依据。这就是研制高密度、超高强特种混凝土的基本出发点。

　　另外，在我国已建的众多水工混凝土建筑物中，随着运行年限的增加，因耐久性问题而出现的各类病害较为普遍，有些还比较严重，甚至影响运行安全。据2012年全国调查，在水工混凝土建筑物中，由于高速水流的冲刷磨损、空蚀而使泄水建筑物出现损坏的工程就占70%。而且冲蚀破坏的修补频率又是最高的，有些工程甚至是年年修、年年坏，因此抗冲耐磨新材料的研究也是近年来发展较快的一个领域。根据多年来修补工程的实践总结，目前修补材料的发展已从单纯采用有机树脂材料(环氧、呋喃等)向高强甚至超高强水泥混凝土材料及无机与有机复合的混凝土材料方向发展。因此研制大密度、超高强特种混凝土，也将为水工混凝土建筑物抗冲耐磨技术的发展提供一个新的材料品种。

一、试验设计

(一)基本思路

　　混凝土是一种以胶凝材料、水、砂石集料及掺和料、外加剂混合而形成的一个多相体。决定这种多相体的抗冲耐磨性能主要有两个方面：一个是组成材料本体的抗冲耐磨性能；另一个是各种材料相互结合是否牢固的性能。后一个性能可以用混凝土的强度来代表，而本体材料抗冲耐磨性能的提高以采用坚硬集料为首选，因为集料占了混凝土总用量的70%左右。因此本项目从采用铁矿石集料和提高混凝土整体强度两个方面，来开发适合高速水流的抗冲耐磨的新品种混凝土。

　　至于混凝土强度的提高，根据经典的保罗米准则，其主要影响因素在于胶凝材料的活性(水泥强度等级)及水灰比。水泥强度等级受到水泥行业生产的限制，因此，如何进一步激发现有水泥的活性和在保证施工和易性的基础上尽量降低水灰比，就成了提高混凝土强度的主要研究途径。新型的高活性超细粉材料——硅粉、超细磨矿渣粉等的出现以及高效减水剂的应用，为研制高强混凝土提供了良好的基础。

(二)试验原材料的选择

(1)根据上述的基本思路，经过市场调研，选择了质地坚硬且表观密度较大的铁矿石砂石料作为本次试验的基本砂石料，此种集料已正式投产，由安徽省无为县蛟矶磨具厂生产。在试验的同时，也采用北京永定河产的天然河砂及卵、碎石。

(2)水泥采用 525 号普通硅酸盐水泥。

(3)新型活性混合材料采用青海西宁铁合金厂生产的硅粉，活性二氧化硅含量不低于 90%。

(4)高效减水剂采用河北省水利工程局外加剂试验厂生产的低泡型 DH3 高效减水剂及缓凝型 DH4 高效减水剂。

(5)试验中还采用了膨胀剂。

(三)试验项目

(1)铁矿石集料的特性试验。

(2)铁矿石集料砂浆的特性试验：①抗压强度；②抗折强度；③弹性模量；④粘结强度；⑤抗冲耐磨强度；⑥干缩变形；⑦抗冻融试验。

(3)铁矿石集料混凝土的特性试验：①抗压强度；②弹性模量；③粘结强度；④抗冲耐磨强度；⑤抗冻融试验。

(四)试验方法

砂石料的试验方法以及砂浆、混凝土的强度、弹模、干缩、冻融等试验方法均按《水工混凝土试验规程》(SL 352—2006)的有关规定进行，现就粘结强度和抗冲耐磨试验介绍如下：

1. 砂浆粘结强度测试方法

预先成型两端带拉环的混凝土试件(10 cm×20 cm)，28 d 后从中间横截面劈开，作为老混凝土试件。粘结强度试件成型时，再在老混凝土试件上浇筑新的砂浆材料，同时在中心埋设拉环并与老混凝土拉环对中，3 d 后拆模送标准养护室养护，28 d 后按轴向拉伸试验程序操作，以此测取粘结强度值。

2. 混凝土粘结强度测试方法

混凝土粘结试验是以立方体劈拉结合面进行的，将以 28 d 养护的 300 号普通混凝土立方体试件(15 cm×15 cm×15 cm)按劈裂试验方法分为两半，将一半试件放入试模内，断口朝上，将新拌混凝土浇入试模内，表面抹平。3 d 后拆模送标准养护室进行养护，28 d 后在混凝土结合部以劈拉试验方法测取混凝土粘结强度值。

3. 抗冲耐磨强度试验

该试验基本按照规程规定进行，只是为了加强磨损效果，将规程中的用标准砂改为用铁矿石砂，每次加入量仍为 150 g，试验结果只做相对比较。

二、试验结果及分析

(一)铁矿石集料特性的试验研究

铁矿石和铁矿砂的主要成分为氧化铁（Fe_2O_3，69.53％）和二氧化硅（SiO_2，24.59％）。

由试验结果可以看出：

(1)铁矿石集料较普通砂石料的饱和面干密度要高 50％左右，这为提高混凝土的密度创造了一个良好的条件。

(2)铁矿石集料的饱和面干吸水率要比普通砂石料小 25％左右，说明矿石集料具有很好的密实性。

(3)矿石集料的压碎指标和坚固性系数均小于普通砂石料，从而进一步说明矿石集料具有较高的密实性和强度。

由以上三点可以看出：采用矿石集料不仅可以明显提高混凝土的密度，而且可以提高混凝土的整体坚固性。

(二)铁矿石集料砂浆特性的试验研究

试验中，控制砂浆坍落度在 120 mm 左右，水灰比在 0.28～0.34，砂灰比采用 1：2.5 和 1：3.0 两种情况，外加剂采用高效低泡减水剂 DH3 和 DH4 两种，同时也试验了复合掺用膨胀剂的效果，为有利于强度的提高，均掺用了硅粉混合材料(10％)。

1. 砂浆的抗压和抗折强度

(1)铁矿石集料砂浆在掺用硅粉和高效减水剂、水灰比 0.30～0.34、砂灰比 1：2.5 的情况下，28 d 抗压强度可达 90 MPa 以上，抗折强度达 9 MPa 以上。

(2)如改变砂灰比为 1：3.0，水灰比下降至 0.28，同时增大减水剂的掺量，在达到同样流动度的情况下，28 d 抗压强度均可达到 100 MPa。

(3)在矿石集料砂浆中掺用高效减水剂的同时可以掺用膨胀剂，对抗压强度有一定的好处。

2. 砂浆的弹性模量

铁矿石集料砂浆由于强度高，因此弹性模量也大，在试验的范围内抗压弹性模量为(4.0～4.8)×10⁴ MPa。

3. 砂浆的粘结强度试验

粘结强度的研究主要为了探讨铁矿石集料作为修补材料时的特性指标。众所周知，提高修补材料对老混凝土材料的粘结性能是提高修补材料整体耐久性的主要指标。

铁矿石砂浆对老混凝土粘结强度为 1.27～1.43 MPa，比普通砂浆的粘结强度(0.6～1.0 MPa)提高了 50%～100%。

4. 砂浆的抗冲耐磨试验

为验证铁矿石集料砂浆的抗冲耐磨试验性能，同时成型普通砂浆试件，在相同条件下进行抗冲耐磨试验。

从试验结果可以看出：在水灰比基本相同的情况下，铁矿石集料砂浆抗冲耐磨强度均比普通砂浆抗冲耐磨强度提高 77%，说明铁矿石集料可以制作高抗冲耐磨材料。

5. 砂浆的干缩试验

干缩是影响水泥砂浆、混凝土抗裂性能的主要指标之一，特别是对于薄层大面积修补工程的施工影响更为明显，试验中不仅进行了铁矿石集料砂浆的干缩测试，为做相对比较，还进行了普通砂浆的干缩试验。

试验结果表明：铁矿石集料砂浆的干缩性能，早期(7 d 以前)与普通砂浆基本相似，而到 7 d 龄期以后直至 180 d，铁矿石集料砂浆的干缩值明显小于普通砂浆的干缩值，只有普通砂浆的 50%～68%。尤其是掺用膨胀剂的矿石集料砂浆，无论早期还是后期，其干缩值只有普通砂干缩值的 30%～40%，由此说明矿石集料可以配制成干缩较小的水泥砂浆，有利于大面积施工时的抗裂性能。

6. 砂浆的抗冻试验

试验结果表明：铁矿石集料砂浆的抗冻等级可达到 F300 以上，而水灰比相同的普通砂浆只能达到 F150。

7. 砂浆的密度试验

按以上试验的配比进行了砂浆密度的试验，试验结果表明，采用矿石集料的砂浆密度为 3 100～3 150 kg/m³，平均为 3 120 kg/m³，比普通砂浆密度(2 100 kg/m³)提高了 48.6%。

(三)铁矿石集料混凝土特性的试验

1. 抗压强度试验

①在试验配比相同的情况下，铁矿石集料混凝土 28 d 的强度为 86～90 MPa，外加剂的变化对强度影响不大；②在其他条件完全相同的条件下，仅以卵石代替矿石集料，则强度要低 15% 左右，说明集料品种对抗压强度有一定的影响。采用质地坚硬的铁矿石集料，对于提高混凝土的抗压强度是有利的。

2. 弹性模量试验

矿石集料超高强混凝土弹性模量也较大,当强度达 80 MPa 以上时,弹性模量达 5.0×10^4 MPa 以上。同时当用卵石代替矿石时,混凝土的弹性模量也出现了降低(降低 15% 左右),这与抗压强度降低幅度基本相似。

3. 粘结强度试验

由试验结果可以看出,矿石集料混凝土与老混凝土有较高的粘结强度,4 组试验结果均达 2.5 MPa 以上,比一般普通混凝土的粘结强度(0.6~1.2 MPa)要高 1 倍左右。这对利用矿石集料混凝土修补老混凝土时耐久性的提高有着积极的意义。

4. 抗冲耐磨强度试验

通过实验可以看出:①采用矿石集料的混凝土有较高的抗冲耐磨强度,比同样水灰比的普通砂石集料混凝土抗冲耐磨强度要高 2 倍以上。②用矿石砂和普通卵石组成的混凝土抗冲耐磨强度比普通砂石料的混凝土抗冲耐磨强度要提高 87%,但比全部矿石集料的混凝土抗冲耐磨强度又稍有降低。③复合掺用膨胀剂,对提高整体混凝土的抗冲耐磨性能没有效果。

5. 抗冻试验

①矿石集料混凝土抗冻等级可以达到 F400 以上。②用矿石砂和卵石组成的混合集料混凝土,抗冻等级也能达 F400 以上。③掺用膨胀剂对提高混凝土的抗冻性有利。这可能与掺用膨胀剂后,提高了混凝土内部的密实性以及抗渗性有关。

6. 矿石集料混凝土的密度试验

按以上试验配合比进行了矿石集料混凝土的密度试验,试验结果表明,矿石集料混凝土的密度为 3 000~3 600 kg/m³。矿石砂和卵石混合集料的混凝土密度为 2 820 kg/m³,由此可以看出,矿石集料混凝土的密度要比普通混凝土的密度(2 400 kg/m³)提高了 37.5%,混合集料混凝土的密度比普通混凝土的密度提高了 17.5%。

三、小结

通过以上大量的试验研究可以初步得出:

(1)铁矿石由于有较大的密度和较小的吸水率以及较高的坚固性,可以作为高密度、高质量混凝土的集料使用。

(2)采用铁矿石集料制作的砂浆,其密度可达 3 120 kg/m³,比普通砂浆的密度提高近 50%;采用铁矿石集料制作的混凝土,其密度可达 3 300 kg/m³,比普通混凝土的密度提高近 60%。

（3）采用铁矿石集料，在不改变现有主要原材料和工艺的条件下，可以配制成超高强砂浆和超高强混凝土，其 28 d 龄期抗压强度，砂浆可达 100 MPa 以上，混凝土可达 80 MPa 以上。

（4）超高强矿石集料砂浆和混凝土具有较高的抗冲耐磨性能，抗冲耐磨强度比同水灰比的普通混凝土的抗冲耐磨强度提高 1～2 倍。

（5）超高强矿石集料砂浆和混凝土同样具有较高的抗冻性，其抗冻等级分别可达 F300 以上及 F400 以上。

（6）采用矿石集料制作的砂浆、混凝土，其干缩变形比普通砂浆、混凝土有明显降低，降低幅度 30％～40％；如采用矿石集料，同时再掺用膨胀剂，砂浆、混凝土的干缩值将进一步减小，仅是普通砂浆、混凝土干缩值的 1/3 左右。干缩变形的明显降低将有利于砂浆、混凝土抗裂性的提高。

（7）采用矿石集料制作的砂浆、混凝土与老混凝土有较高的粘结强度，比普通砂浆、混凝土的粘结强度要提高 50％～100％。

（8）由于矿石集料砂浆与混凝土都具有高密度、超高强、高抗冲耐磨、高抗冻、低干缩、高粘结的特性，因此这种特种砂浆、混凝土既可用作水工混凝土建筑物的结构材料，也可用作水工建筑物的修补材料，特别是用于要求高抗冲、高抗冻、低干缩的工程部位，如大坝的溢流面、输水洞、泄水道、闸底板等工程部位的主体材料或修补材料。

（9）高密度、超高强矿石集料砂浆混凝土不仅可用于水工建筑物，而且可以用于房屋建筑、交通（高速公路、立交桥等）、港口堤防、机场跑道、矿井、冶金、铁道等部门的混凝土工程，为提高混凝土结构的稳定性、缩小断面，优化设计和提高混凝土结构的耐久性等方面提供了一种新型的材料，而且由于矿石集料混凝土属重混凝土，也有可能用于核工业的防辐射建筑物和某些结构物。

（10）高密度超高强矿石集料砂浆混凝土作为一种特种集料的无机混凝土材料，在今后的研究应用中还将不断完善和发展。

第二节　万家寨大坝低热微膨胀混凝土抗冻和抗冲耐磨的耐久性研究

一、概述

万家寨水利枢纽位于山西、内蒙古、陕西交界处，是黄河北干流上的第一个梯级，也是"引黄入晋"引水工程的首部枢纽和华北地区的骨干调峰水电站。枢纽主体为混凝土重力坝，最大坝高 90 m，坝顶长 438 m，混凝土总方量 164 万 m³，水库总库容 8.96 亿 m³，总装机容量 108 万 kW。该地区属大陆性气候，日温差较大，最低月平均气温为 $-11.5\ ℃$，极端最低气温为 $-31\ ℃$，属严寒地区。

万家寨水利枢纽属大型工程，为国家的重点建设项目。为保证枢纽主体混凝土大坝的工程质量，加快施工速度，节约投资，水利部在大坝工程中全面推广应用低热微膨胀混凝土。大坝混凝土中采用低热微膨胀混凝土是一种防止和减少大坝裂缝、简化温控措施、加快施工速度的有效措施。自 20 世纪 90 年代以来，在安康、紧水滩等大坝工程中得到了初步推广应用，并取得了良好的效果。由于上述工程均处于气候较温和地区，因此要在万家寨大坝工程中全面推广应用，尤其是在北方严寒地区的大坝工程中全面推广应用低热微膨胀混凝土，仍有许多技术问题需要试验研究。如何采用低热微膨胀水泥，配制出能适合万家寨大坝溢流面部位，具有高强度、高抗冻、高抗冲耐磨的混凝土，是一个难度较大的问题。低热微膨胀水泥是一种含有大量矿渣（60%～80%）而水泥熟料很少（15%左右）的特种水泥，采用这种水泥配制的混凝土，可以达到一定强度，并具有一定微膨胀作用。但是以往的研究成果表明，凡是掺有大量混合材料（包括矿渣）的水泥，配制出的混凝土的抗冻性和抗冲耐磨性能均较差。在现行的水工混凝土施工规范中，对于有抗冻和抗冲耐磨要求的部位，在水泥品种的选择上也是推荐使用普通硅酸盐水泥。因此本研究要采用低热微膨胀水泥，配制出适合万家寨大坝溢流面且具有高抗冻、高抗冲耐磨性能的混凝土，存在相当的技术难度，而且国内和国外尚无先例。

二、技术指标及试验设计

万家寨大坝溢流面混凝土的技术指标如下：

$R_{90}=30\ \mathrm{MPa}$，抗冻等级 F200，抗渗等级 W8，抗冲耐磨性能等技术指标均不能低于普通水泥掺硅粉的混凝土；二级配混凝土；坍落度 4～6 cm。

根据以上的技术指标，要用低热微膨胀水泥配制出满足要求的混凝土，采用了以下的技术路线和试验设计：

（1）采用优质减水引气剂，在保证大坝溢流面混凝土能达到较高强度的基础上，又具有较高的抗冻性。

（2）采用特种硬质集料部分或全部代替万家寨当地质地较差的集料，从而提高混凝土整体的抗冲耐磨性能，使之具有硅粉混凝土相应的抗冲耐磨性能。

（3）试验研究分三个阶段进行：第一阶段为原材料的选优及性能测试；第二阶段为配合比优化设计，以满足设计要求的强度；第三阶段为优化配比混凝土抗冻、抗冲耐磨、抗渗等特性试验。通过三个阶段的试验，开发研究出符合要求的高强度、高抗冻、高抗冲耐磨的低热微膨胀混凝土。

三、原材料及试验方法

(1)低热微膨胀水泥。内蒙古清水河水泥厂生产的第二批 425 号低热微膨胀水泥。

(2)普通硅酸盐水泥。北京琉璃河水泥厂生产的 425 号普通硅酸盐水泥。

(3)硅粉。青海西宁铁合金厂生产的硅粉，SiO_2 含量为 90%左右。

(4)砂石料。万家寨工程现场的人工砂石料，其中包括灰岩和白云质灰岩，混合比例为 2(灰岩)∶1(白云质灰岩)。

(5)特种集料。为提高低热微膨胀混凝土的整体抗冲耐磨性能，根据以往的研究成果，采用了铁矿石加工而成的人工矿石集料，包括矿石砂和 5～20 mm 的矿石集料(一级配)。该集料由安徽无为县磨料磨具厂生产。

(6)NE 高效减水引气剂。为了保证大坝溢流面混凝土具有足够的强度，同时又降低水泥用量，混凝土中宜掺用高效减水剂。同时为了使溢流面混凝土具有较高的抗冻性，混凝土中又必须保证一定的含气量。根据以往的试验和经验，选择了由天津合成材料厂生产的 NE 高效减水引气剂，这种外加剂是一种高效减水剂和优质引气剂的复合剂，常用掺量为胶凝材料用量的 0.6%～0.8%，混凝土减水率一般为 15%～20%，混凝土含气量为 5%左右。

各项试验方法均按《水工混凝土试验规程》(SL 352—2006)的有关规定进行。抗冲耐磨试验为加大磨损力度，将标准砂改为 4.0 mm 的钢珠作磨损介质，磨损介质含量相同。

四、水泥和砂石料的特性测试

测试结果：万家寨集料中白云质灰岩质量较差，吸水率较大，而混合集料的饱和面干吸水率能满足施工规范的要求。

五、溢流面混凝土保证强度的设计及低热微膨胀混凝土配合比选优

(一)大坝溢流面混凝土保证强度的设计

根据天津设计院提出的技术要求，大坝溢流面混凝土的强度(90 d 龄期)为 30 MPa，即 $R_{90}=30$ MPa。进行混凝土配合比的设计，必须考虑工程部位的重要性和施工的离差，即必须进行保证强度的设计。根据建筑物的等级，并与设计单位协商，大坝溢流面混凝土的强度保证率定为 90%，相应的保证率系数 t 为 1.28。对不同强度混凝土离差系数，选定溢流面混凝土的离差系数 C_v 为 0.15。

(二)配合比的选优

1. 配合比参数的选择

按保证强度和施工坍落度的要求以及低热微膨胀水泥的强度，根据以往对高强高抗冻混凝土试验的经验，对大坝溢流面混凝土配合比的参数做以下范围的选择：

(1)水灰比。选择 0.44、0.42、0.40、0.38 四级。

(2)用水量。根据设计要求，混凝土坍落度为 4～6 cm，考虑到施工现场多种条件的影响，室内试验时坍落度适当增大到 6～8 cm。二级配混凝土集料最大粒径 $D_{max}=40$ mm，采用高效减水引气剂，因此混凝土的用水量范围选为 130～140 kg/m³。

(3)砂率。为了满足溢流面混凝土良好的和易性，在考虑到水灰比和引气型外加剂的前提下，砂率选择的范围为 35%、36%、37%、38%四级。

(4)外加剂掺量。根据 NE 高效减水引气剂的性能和以往的经验，NE 外加剂的掺量范围为水泥质量的 0.6%～1.0%，根据坍落度和含气量适当调整。

(5)含气量。根据以往的试验结果，二级配混凝土要达到 F200 的快冻要求，其含气量控制范围为 5%～6%为宜。

2. 混凝土的试拌及配合比的选优

根据选定的配合比参数范围，进行了几十组混凝土的试拌合调整，选出了 4 组不同水灰比、符合要求坍落度和含气量的混凝土配合比。

3. 抗压强度测试及配合比的初步确定

根据试验结果和配合比合理选择的原则，既要满足设计的技术要求，又要达到水泥用量较低的经济效果。水灰比为 0.42，水泥用量为 321 kg/m³，用水量为 135 kg/m³，砂率为 37%的配比，其 R_{90} 达 39.7 MPa，能满足 37.1 MPa 保证强度的要求，同时水泥用量又较低，且坍落度达 8.2 cm，含气量达 5.8%，符合设计的流动性要求。因此可以初步选定 0.42 的水灰比作为万家寨溢流面低热微膨胀混凝土的基本配合比。

六、大坝溢流面混凝土的特性试验及改性

在配比初步确定的基础上，进行了混凝土的特性试验以及用矿石砂和矿石集料代替部分集料的改性试验，试验项目包括抗压强度、弹性模量、抗渗强度、抗冻强度、抗冲耐磨强度。

从试验结果可以看出：

(1)由清水河水泥厂的第二批试样及万家寨工程集料经优化选择出 0.42 的水灰比，其抗压强度不仅满足设计要求，且抗冻等级达 F250、抗渗等级达 W20，

弹性模量达 3.87×10^4 MPa，均能满足并超过大坝溢流面混凝土的设计技术要求。

（2）在采用低热微膨胀水泥及相同配合比的基础上，以铁矿砂代替万家寨砂时，混凝土的抗压强度及弹性模量均有所提高，提高幅度为 $12\% \sim 16\%$，而抗冲耐磨强度有明显的提高，提高幅度达 16 倍。

（3）在代砂的基础上，如以一级配 $5 \sim 20$ mm 的铁矿石代替万家寨的一级配集料时（保持万家寨的二级配集料），混凝土的抗压强度和弹性模量有进一步的提高，提高幅度为 $19\% \sim 22\%$；而抗冲耐磨强度有更明显提高，提高幅度达 2.8 倍。由此可以看出，采用铁矿石这种坚硬集料，不仅可以提高混凝土的强度和弹性模量，而且对混凝土的抗冲耐磨性能将有明显的改善和提高。

（4）在维持水灰比 0.42 不变，采用普通水泥代替低热微膨胀水泥并掺加 10% 硅粉的情况下，其抗压强度和弹性模量基本相似或稍有提高，提高幅度为 $4\% \sim 13\%$；抗冲耐磨强度有一定提高。

第三节　柔性全封闭抗冲耐磨喷涂技术的研究及应用

一、背景

东风水电站拦河坝为双曲抛物线拱坝，最大坝高 162.0 m，厚高比 0.163，是国内高拱坝中厚高比最小的薄拱坝之一。该坝在 6、8、10 号坝段设有 3 个中孔（底板高程 890 m）。自 1994 年 4 月下闸蓄水，经 2 个汛期后发现，由于温度应力造成中孔硅粉混凝土衬砌裂缝，加之水的劈裂作用，5、6、7 号 3 个坝段下游面发生多条水平裂缝而且渗水射水，后经裂缝探查和专家会分析论证，采用内灌、外排、封堵及预锚等措施，使中孔裂缝问题得到较圆满的解决。但考虑到中孔硅粉混凝土衬砌中可能还会隐藏或发生裂缝，因此在东风水电站大坝竣工验收安全鉴定中，专家组建议乌江水电开发公司要抓紧研究中孔内壁全封闭的处理方案并付诸实施。因此进行了东风水电站中孔全封闭抗冲耐磨高分子柔性材料涂层喷涂技术的研究及工程应用。

二、技术路线和特点

东风水电站中孔是该坝泄洪系统中的重要组成部分，水流速度近 40 m/s，为了能适应东风大坝现有的实际情况，并做到全封闭抗冲耐磨层坚固耐久，便于施工，因此考虑采用柔性防护方案，即在中孔硅粉混凝土表面喷涂一层有较强粘结能力的高抗冲耐磨涂层，达到整体防护的效果。这一技术方案具有以下特点：

(1)涂层材料能适应 40 m/s 高速水流的冲磨。

(2)涂层材料与硅粉混凝土表面有较强的粘结能力，粘结强度不低于混凝土本体的抗拉强度。

(3)采用柔性材料不会影响大坝本体混凝土的安全，并且运行若干年后根据需要可重复实施以上喷涂技术。

三、研究的主要内容

结合东风水电站大坝工程的特点，全封闭柔性材料喷涂技术的研究主要进行三方面的工作：

(1)柔性材料的配方选优试验。选优试验又分两个系列进行试验，即双组分改性环氧树脂系列和聚氨酯改性环氧树脂系列。

(2)优选配方材料的特性试验。特性试验项目有稠度、固化速度、抗压强度、粘结抗拉强度、不同基底粘结强度、抗拉强度、拉伸变形、干缩、抗冲耐磨和外水压抗渗、线膨胀系数试验等。

(3)双组分高分子材料喷涂机具的研制及工艺参数的选优。

四、高分子柔性材料的配方选优试验

(一)双组分改性环氧树脂的配方选优试验

1. 试验方法

考虑到双组分改性环氧树脂的组成比较复杂，由固化剂、增韧剂、稀释剂和促进剂等多种组分混合而成，为满足工程施工及性能要求，对各个材料的配方用量均需进行选优。为了优化试验方法，提高试验效率，因此选用正交设计试验方法。选择的因素有 4 个，即固化剂、活性稀释剂 501、糠醛增韧剂和丙酮(见表 6-1)。以抗压强度、粘结抗拉强度为评定指标，其中抗压强度测试选用 2 cm×2 cm×2 cm 试模浇筑成型试块；粘结抗拉强度试验采用"8"字形高强水泥砂浆试块，从中间断开后在潮湿面情况下再用双组分改性环氧树脂粘结后测试。

表 6-1 双组分改性环氧树脂的配方   份

组合	A(固化剂用量)	B(501 用量)	C(糠醛增韧剂用量)	D(丙酮用量)
1	30	8	7	10
2	35	10	5	8
3	40	12	3	12

注：以双组分改性环氧树脂为 100 份。

2. 试验结果分析

水灰比为 0.42，胶凝材料用量 321 kg/m³（即 A1B2C2D2），其粘结抗拉强度和抗压强度最好，抗压强度达 90.5 MPa，粘结抗拉强度为 4.25 MPa。

从粘结抗拉强度指标分析，由极差分析可以看出影响粘结抗拉强度的因素由强至弱为：固化剂＞糠醛增韧剂＞丙酮＞501。

固化剂的用量越低，粘结抗拉强度越高；

501 的用量为 10％时，粘结抗拉强度最高；

糠醛增韧剂的用量越高，粘结抗拉强度越高；

丙酮的用量越低，粘结抗拉强度越高。

由以上分析推测，理论最佳配方可能为 A1B2C1D2。

从抗压强度指标分析，由极差分析可以看出影响抗压强度的因素由强至弱为：501＞固化剂＞丙酮＞糠醛增韧剂。

固化剂的用量越低，抗压强度越高；

501 的用量越低，抗压强度越高；

糠醛增韧剂的用量为 5％时，抗压强度最高；

丙酮的用量越低时，抗压强度越高。

由以上分析推测，理论最佳配方可能为 A1B1C2D2。

综上所述，选择上述理论较佳配方 A1B2C1D2、A1B1C2D2，以及第一次正交初步试验结果——最佳配方 A1B2C2D2，进行了第二次正交优化试验。

从试验结果可以看出，优选出的配方性能均较第一组正交试验结果好，所得出的配方 A1B1C2D2 为较佳配方，其抗压强度为 99.81 MPa，粘结抗拉强度为 4.44 MPa。

3. 固化剂的选优

随着双组分改性环氧树脂应用范围的日益广泛，不同场合应选用不同的固化剂，而固化剂的品种也十分多，为了更好地满足工程需要，在初步试验的基础上，对几种不同的潮湿面固化剂进行了选优试验。

JH-02 固化剂在 3 种固化剂中性能最好，为了进一步考证固化剂的优劣，又进行了一组固化剂对比试验。

可以看出，JH-02 固化剂的性能较好，粘结抗拉强度和抗压强度最高，但其价格较贵，故作为下一步试验的参考使用固化剂。

（二）聚氨酯改性环氧树脂材料的配方选优试验

1. 试验方法

为了进一步改进环氧树脂的韧性，在环氧树脂中加入柔性聚氨酯材料，进行了一系列试验。同样，由于试验涉及的因素较多，故仍采用正交设计试验的方法。选择固化剂、聚氨酯、苯酚及丙酮 4 个因素，以粘结抗拉强度和抗压强度为评定指标，见表 6-2。

表 6-2 聚氨酯改性环氧树脂正交试验结果　　　　　　　份

组合	A(固化剂用量)	B(聚氨酯用量)	C(苯酚用量)	D(丙酮用量)	粘结抗拉强度/MPa	抗压强度/MPa
1	1(25)	1(6)	1(9)	1(20)	0.91	12.25
2	1(25)	2(9)	2(7)	2(15)	0.63	20.34
3	1(25)	3(12)	3(5)	3(25)	1.62	4.52
4	2(30)	1(6)	2(7)	3(25)	2.34	17.11
5	2(30)	2(9)	3(5)	1(20)	2.91	31.62
6	2(30)	3(12)	1(9)	2(15)	3.41	21.19
7	3(35)	1(6)	3(5)	2(15)	3.1	56.05
8	3(35)	2(9)	1(9)	3(25)	2.78	44.2
9	3(35)	3(12)	2(7)	1(20)	3.75	43.51

注：以聚氨酯改性环氧树脂为 100 份。

2. 试验结果分析

A3B3C2D1 的试验，粘结抗拉强度最高，达 3.75 MPa，A3B1C3D2 的试验，抗压强度最高，达 56.05 MPa。

从粘结抗拉强度指标分析，影响粘结抗拉强度的因素由强至弱为：固化剂＞聚氨酯＞苯酚＞丙酮。

固化剂的用量越高，粘结强度越高；

聚氨酯的用量越高，粘结强度越高；

苯酚的用量越低，粘结强度越高；

丙酮的用量为 20％时，粘结强度最高。

由以上分析推测，最佳配方可能为 A3B3C3D1。

从抗压强度指标分析，影响抗压强度的因素由强至弱为：固化剂＞丙酮＞聚氨酯＞苯酚。

固化剂的用量越高，抗压强度越高；

聚氨酯的用量为 9％时，抗压强度最高；

苯酚的用量越低，抗压强度越高；

丙酮的用量越低，抗压强度越高。

由以上分析推测，最佳配方可能为 A3B2C3D2。

根据理论推测可能的结果，可以看出 A3B3C2D1 配方的粘结抗拉强度最高，达 3.75 MPa；A3B1C3D2 配方的抗压强度最高，达 56.05 MPa。

(三)柔性材料配方选优试验小结

(1)经正交试验和验证试验，双组分改性环氧树脂喷涂材料较优配方为：环氧树脂用量为100份，固化剂用量为30份，稀释剂用量为8份，糠醛增韧剂为5份，丙酮为8份；该配方可达的技术指标为：抗压强度为99.81 MPa，潮湿面粘结抗拉强度为4.44 MPa。

(2)聚氨酯改性环氧树脂喷涂材料以抗压强度评定的较优配方为：环氧树脂用量为100份，固化剂用量为35份，聚氨酯用量为9份，苯酚为5份，丙酮为15份；该配方可达的技术指标为：抗压强度为56.05 MPa，潮湿面粘结强度为3.1 MPa。

(3)由粘结抗拉强度和抗压强度评价，双组分改性环氧树脂喷涂材料优于聚氨酯改性环氧树脂喷涂材料，但材料优劣最终评判要在下一步特性试验进行后，再进行综合评价。

五、高分子柔性材料优选配方的特性试验

通过双组分改性环氧树脂和聚氨酯改性环氧树脂两大系列多因素二次正交选优试验，选出了双组分改性环氧树脂的最佳配方(A1B2C2D2)和聚氨酯改性环氧树脂的最佳配方(A3B1C3D2)，在此基础上进行了两大系列最优配方的特性试验。

(一)特性试验的项目和方法

1. 试验项目

根据东风水电站拱坝中孔抗冲耐磨封闭涂层的实际要求和喷涂技术的特点，特性试验项目共有10项，即稠度、固化速度、抗压强度、抗拉强度、不同基底粘结强度、极限拉伸变形、抗冲耐磨、固化收缩、外水压抗渗和线膨胀系数试验。

2. 试验方法

(1)稠度试验。用漏斗黏度计测定，测定稠度的目的主要是配制适合于喷涂作业的树脂材料。为了保证现场施工配方的准确性和简化施工作业，在最优配方的基础上通过预混合配制成一定稠度的 A、B 两组配方(A1B2C2D2、A3B1C3D2)，由双组分喷涂机直接进行喷涂施工，既保证了质量又简化了工艺。

(2)固化速度测定。采用表干法即不粘手为初步固化，指压不变形为完全固化。固化速度的测定也主要是施工工艺的要求：固化速度太快，不便于施工；固化速度太慢，不利于早期强度的发展。

(3)抗压强度试验。采用 2 cm×2 cm×2 cm 试模小立方体，在 100 t 材料试验机上进行测试，试验龄期 7～10 d。

(4)抗拉强度试验。采用哑铃形薄片试件，中间等断面部位长 40 mm，厚 2 mm。在 5 kN 非金属材料试验机上进行抗拉强度试验。

(5)不同基底粘结强度试验。预先成型"8"字形砂浆试件，并在中间部位拉断，断面尺寸 5 cm²，然后进行 3 种基底状态的粘结强度试验，即干燥面、潮湿面(泡水后，取出，表面擦去浮水)、有水面(泡水后取出不擦，直接涂树脂材料)。粘结强度试验在 50 kN 电子拉力机上进行。

(6)极限拉伸变形试验。也是采用哑铃形薄片试件，在 5 kN 非金属材料试验机上进行。

(7)固化收缩试验。高分子材料在固化过程中均会产生一定的收缩变形，采用两端带有钢珠的 2 cm×2 cm×20 cm 棱柱体，用弓测微器(精度 1/100 mm)进行不同龄期试件长度的测试。

(8)抗冲耐磨试验。在水轮机转盘式磨损试验机上进行。转盘直径 360 mm，转速 2 300 r/min，最大流速 42.1 m/s，转盘室水压力 10 N/cm²，含砂量 16.2 kg/m³，含砂率 1.62%，为 270 目石英砂。试验历时 6 h，以不同半径下的最大冲磨深度来确定不同流速下的相对磨损情况。

(9)抗渗试验。在混凝土抗渗仪上进行，预先成型混凝土试件并测定其抗渗等级，然后在迎水面涂上柔性高分子材料，再进行压力水抗渗试验。

(10)线膨胀系数试验。试件采用两端带钢珠的 2 cm×2 cm×20 cm 棱柱体，在保温箱中进行不同温度的养护，并进行试件的测长，通过回归分析计算线膨胀系数。

(二)试验结果

(1)稠度试验。根据研制的双组分高分子材料喷涂机的要求，A 组分最大黏度为 300 s，B 组分最大黏度为 200 s，通过双组分改性环氧树脂材料和聚氨酯改性环氧树脂材料的预混试验，在 25 ℃情况下，A 组分黏度为 250 s，B 组分黏度为 150 s，符合喷涂工艺的要求。

(2)固化速度试验。双组分改性环氧树脂材料表干时间为 6~8 h，硬化时间为 24 h；聚氨酯改性环氧树脂材料表干时间为 12 h，硬化时间为 36 h。即聚氨酯改性环氧树脂材料的固化速度较慢，双组分改性环氧树脂材料的固化速度可以满足施工工艺的要求。

(3)抗压强度试验。双组分改性环氧树脂材料的抗压强度为 99.0 MPa，聚氨酯改性环氧树脂材料的抗压强度为 56 MPa。双组分改性环氧树脂材料的抗压强度要比聚氨酯改性环氧树脂材料的抗压强度高。

(4)抗拉强度试验。双组分改性环氧树脂材料的抗拉强度为 42.2 MPa，聚氨酯改性环氧树脂材料的抗拉强度为 20.5 MPa。双组分改性环氧树脂材料的抗拉强度比聚氨酯改性环氧树脂材料的抗拉强度高 1 倍。

(5)不同基底粘结强度试验。无论基底状态如何，双组分改性环氧树脂材料的粘结强度都高于聚氨酯改性环氧树脂材料。特别是对有水面，聚氨酯改性环氧树脂材料不太适应，粘结强度较低。

(6)极限拉伸变形试验。双组分改性环氧树脂材料极限拉伸变形为$50\times10^{-4}\%$，聚氨酯改性环氧树脂材料极限拉伸变形为$190\times10^{-4}\%$，混凝土极限拉伸变形一般为$(0.8\sim1.0)\times10^{-4}\%$。双组分改性环氧树脂材料和聚氨酯改性环氧树脂材料的变形能力远远大于普通混凝土，其中聚氨酯改性环氧树脂材料柔性更好。

(7)固化收缩试验。两种材料在10 d后固化反应基本完成，固化收缩基本稳定，聚氨酯改性环氧树脂材料的固化收缩值略小于双组分改性环氧树脂材料。

(8)抗冲耐磨试验。聚氨酯改性环氧树脂材料的抗冲耐磨性能低于双组分改性环氧树脂材料。

(9)抗渗试验。当混凝土表面涂上双组分改性环氧树脂材料或聚氨酯改性环氧树脂材料后，抗渗能力均比混凝土有较大提高，耐水压力可达2.0 MPa以上。

(10)线膨胀系数试验。双组分改性环氧树脂材料的线膨胀系数约为混凝土的9.3倍，而聚氨酯改性环氧树脂材料的线膨胀系数更大，比双组分改性环氧树脂材料的线膨胀系数要高40%，是混凝土的12.5倍。因此，采用双组分改性环氧树脂材料更有利于结合面的耐久运行。

(三)试验小结

通过10项特性试验结果，可以得出以下结论：

(1)开发研制的双组分改性环氧树脂材料和聚氨酯改性环氧树脂材料均适合喷涂作业，可达到提高质量、提高施工速度的目的。

(2)双组分改性环氧树脂材料的抗压、抗拉强度，不同基底粘结强度，抗冲耐磨性能均优于聚氨酯环氧树脂材料，而且其变形能力较大，线膨胀系数较小，能适应东风水电站工程的具体环境。因此，在东风水电站中孔采用喷涂双组分改性环氧树脂材料作为防裂抗冲耐磨全封闭涂层是比较合适的。

六、双组分无气高压喷涂机的研制和工艺试验

1. 研制目的

高分子材料包括树脂和固化剂两大部分，这两部分平时是不能相混的，以往施工均采用工地现场多组分人工称量、混合，然后立即进行人工涂抹工艺。这种方法费工、费时，混合不均匀，涂抹的均匀性也差，涂层与基底的粘结性能也受到人为因素的干扰。因此，高分子材料的现场施工，国内处于人工操作阶段，施工质量和施工进度均受到较大的影响。为了使东风水电站中孔抗冲耐磨全封闭技

术达到一个新的水平，决定研制双组分无气高压喷涂机。这种喷涂机具备如下特点：

(1)可实现双组分材料的喷涂作业，而不会引起树脂材料在机具中固化。

(2)可实现双组分材料按预定比例混合，保证配方的准确和混合均匀。

(3)可实现涂料的无气高压喷涂，即涂层中不掺杂空气，依靠汽缸产生高压，直接将双组分材料均匀混合并喷射到基底表面，从而形成均匀而粘结良好的涂层。

2. 双组分无气高压喷涂机的主要技术指标

(1)能适应双组分厚浆喷涂，A 组配方(树脂)黏度可达 300 s(涂—4 杯黏度计)，B 组配方黏度为 150 s 左右。

(2)A、B 组配方比例可调，可调范围为 0.40～0.60。满足双组分配方的要求，A、B 组配方混合比例的质量误差应小于 1‰。

(3)最大喷涂量为 12 L/min，喷涂速度为 5 m²/min 左右。

3. 双组分无气高压喷涂机的研制和工艺参数试验

双组分无气高压喷涂机由中国水利水电科学研究院结构材料研究所与重庆长江涂装机械厂科研所联合研制的，研制时间近 6 个月。样机运到北京，经验收试喷，技术指标达到以上要求。经初步喷涂试验，为保证质量，要求主要工艺参数如下：

(1)A 组分黏度为 250 s 左右，B 组分黏度为 100～150 s。

(2)A、B 组分混合比例为 1∶0.40。

(3)喷涂距离为 20～30 cm，喷嘴与基面垂直。

(4)空压机压力为 0.4～0.6 MPa，空压机容量大于 1.2 m³/min。

(5)喷涂速度为 5 m²/min 左右。

4. 小结

研制的双组分无气高压喷涂机，能满足双组分高分子材料的喷涂作业，并能达到提高涂层粘结质量、加快施工速度的目的。

七、柔性全封闭抗冲耐磨喷涂技术初步应用

(一)现场试验

在高分子柔性材料配方选优、双组分无气高压喷涂机研制及双组分柔性材料喷涂技术开发成功的基础上，进行了东风水电站大坝右中孔全封闭抗冲耐磨喷涂技术的现场试验。该项技术经受住实践的考验并得到进一步完善，为中孔孔壁的全面加固修复创造了良好的条件。

1. 现场试验的内容

根据现场试验的要求，在右中孔平压井附近进行 150 m² 的抗冲耐磨柔性材

料全封闭喷涂试验。

现场试验主要工作内容有：

(1)试验段孔壁混凝土表面的清理，包括原环氧玻璃丝布修补层的凿除和不密实部位混凝土的凿除及整体刷毛、清洗。

(2)孔壁混凝土表面裂缝的查勘(位置、缝长、缝宽及裂缝数量的统计)。

(3)孔壁混凝土表面裂缝的修补。

(4)孔壁混凝土面渗的修补处理。

(5)孔壁混凝土局部缺陷的修补处理。

(6)抗冲耐磨柔性材料的全封闭喷涂。

2. 现场试验的实施

(1)试验前期准备工作。

①现场试验人员进场，提交现场试验施工组织报告。

②右中孔底部淤泥杂物的清除。

③搭设围堰进行导流。

④设备、机具、材料进场。对于大型设备，拆开吊运至施工孔内，放下后组装。

⑤试验段搭设脚手架等。

⑥风、水、电接通，照明通风，安全设施到位。

⑦试验段环氧玻璃丝布的凿除。试验段约有 80 m² 的环氧玻璃丝布覆盖层，而且大部分粘结牢固，为确保本次试验的质量，必须予以彻底清除。开始采用喷砂机喷砂清除，但由于环氧玻璃丝布较软，喷砂工艺无法清除，曾试用过角磨砂轮、人工凿除等多种设备，未能奏效，最后采用电锤加平头铲，才达到彻底铲除的目的。此项工艺费时、费工，而又是必须实施的工作。

⑧试验段裂缝的勘查。对现场试验段存在的裂缝进行了认真的勘查，并进行了位置、长度、宽度的测量和记录。现场试验段勘查并修补的裂缝近 60 条，最长的裂缝在右侧，长 360 cm，但裂缝很窄，均小于 0.1 mm。

⑨试验段裂缝和渗水面的处理。

a. 裂缝修补。对可见裂缝处，沿裂缝开槽，根据裂缝状况确定开槽宽度(一般为 7~10 cm)，槽深为 6~8 cm。对长度稍短、上下贯通也没与冷缝贯穿且渗水量较小的裂缝，在渗漏处先进行止水堵漏处理，2 d 后表面无水渗出时，用膨胀水泥砂浆及高强聚合物砂浆进行表面封堵并抹平。对渗水量较大的贯穿裂缝，按上述方法凿槽后，在下部渗水口先行埋入导管卸压、导流，其余部分同样进行封堵抹平。待喷涂后，喷层材料达到一定的强度后再封堵导管。在该试验段共处理裂缝长度 54.8 m。

b. 渗水表面处理。针对每一渗水点，将周围的混凝土凿除。凿除深度为

3 cm。然后将表面尘土冲洗干净并吹干,在底面涂一层止水浆液,稍干后嵌入堵漏材料并在上面加压,放置 1~2 d,直到未见水渗出,用高强聚合物水泥砂浆填补,最后将表面抹平。共处理渗水面积 1 m^2。

c. 混凝土表面缺陷修复。用电锤凿除环氧玻璃丝布时,对混凝土表面破坏较严重,加之混凝土表面原有的凹凸缺陷,不利于喷涂。因此,又对喷涂表面进行缺陷修补,平整修复。

d. 混凝土表面打毛、高压水冲洗并烘干。为了有利于混凝土表面与抗冲耐磨柔性材料的粘结,整个试验段用钢刷及角磨砂轮进行平整打磨,打磨后用高压水将混凝土表面彻底冲洗干净,然后在洞内加热通风,使之尽量形成表干。

(2)现场喷涂施工。

①双组分改性环氧树脂抗冲耐磨材料的配方。净浆配方用作底层喷涂以增加与孔壁的粘结,面层喷涂采用加 10% 水泥的配方,以增加抗冲耐磨性能(抗压强度高)。现场试验过程中,基本按配方进行,根据中孔温度及涂层黏度的情况,喷涂过程中在稀释剂(丙酮)用量上稍做调整。

②喷涂工艺。喷涂工艺是该项试验的关键一环,在喷涂过程中曾因停电,洞内两次进水,使洞内湿度增加,影响了材料的固化及涂层材料之间的粘结。为确保工作质量,将已进行喷涂 1 mm 厚的侧部与顶部封闭层全部铲除,重新喷涂。为便于施工,喷涂过程中又根据现场温度与湿度调整仪器参数,保证喷涂效果。

喷涂一层待凝固后再喷涂第二层,总喷涂次数在 10 遍以上,保证涂层厚度在 2~3 mm。为使边缘粘结效果好,边缘涂层有一过渡层,由外向里逐层加厚。

喷涂顺序为先喷顶部,后喷侧部,质量达标后拆除脚手架,腾空架一层板,人站在层板上喷涂底部,由上游至下游按条带退喷,直至涂层厚度大于 2 mm(10 遍以上)。

整个试验段喷涂质量完好,无漏喷、流淌现象,喷涂面平整,符合《水工隧洞设计规范》(DL/T 5195—2004)中有关平整度的要求。

3. 现场试验小结

(1)右中孔现场试验段是缺陷最多、难度较大的部位,经勘查裂缝有近 60 条。且其表面又经环氧玻璃丝布粘贴处理,因此,给现场试验的表面处理带来了较大的困难。经多次摸索,找到了合适的清除方法和防水处理方案,确保了现场试验段混凝土表面的良好处理,为全封闭柔性材料的喷涂工艺创造了良好的基础。

(2)通过现场试验证实,原选优试验给出的配方是科学的,现场试验中材料的喷涂性能指标与室内试验相符。

(3)完成了右中孔试验段 150 m^2 的双组分改性环氧树脂全封闭抗冲耐磨层的

喷涂试验。施工过程中工序严格，工艺合理，致使涂层均匀，固化迅速，无漏喷、无挂浆等现象，喷涂质量令人满意。

（4）现场试验，历经两个汛期放水的考验，柔性高分子涂层粘结良好，表面无明显冲痕，且既无内水外渗，也无外水内渗，达到了全封闭抗冲耐磨的预期目标。

（二）中孔柔性全封闭抗冲耐磨喷涂技术的施工

在室内试验和现场试验成功的基础上，2001 年 12 月至 2002 年 2 月，在东风水电站大坝中孔进行了柔性全封闭抗冲耐磨喷涂技术的施工。现场的施工准备、前期处理、裂缝的灌浆处理以及全封喷涂技术均与现场试验相同。总施工面积为 360 m²，厚度为 2 mm，达到了预期要求，通过了东风发电厂的验收。

八、结语

（1）通过配方选优试验，优选出了两大系列适合东风中孔全封闭的柔性材料，选出的双组分改性环氧树脂材料，抗压强度可达 99.81 MPa，潮湿面粘结抗拉强度可达 4.44 MPa；聚氨酯改性环氧树脂材料抗压强度达 56.05 MPa，潮湿面粘结抗拉强度为 3.1 MPa。

（2）通过稠度、固化时间、抗压强度、抗拉强度、不同基底粘结强度、抗冲耐磨、抗渗、固化收缩、线膨胀系数等 10 余项特性试验结果表明，双组分改性环氧树脂材料的性能，总体上优于聚氨酯改性环氧树脂材料，可以满足东风中孔全封闭抗冲耐磨材料的要求。

（3）新研制的双组分无气高压喷涂机，适合双组分改性环氧树脂材料的喷涂作业，可以达到提高粘结质量、保证涂层均匀、加快施工速度的目的。

（4）柔性全封闭抗冲耐磨喷涂技术在东风大坝中孔经过了现场试验和施工实施，取得了良好的效果，经受了汛期的考验，达到了全封闭和抗冲耐磨的目的。

（5）柔性材料抗冲耐磨全封闭喷涂技术在国内尚属首创，还需在今后的实践中不断完善和提高。

第七章 水工钢筋混凝土结构防碳化技术研究

第一节 混凝土防碳化技术研究

一、概述

混凝土的碳化过程，实际上是空气中的酸性气体 CO_2 对混凝土的侵蚀过程，也可以称为中性化过程。一般水泥混凝土，由于水化反应生成了大量的 $Ca(OH)_2$，因此，混凝土内部呈较强的碱性，pH 为 13 以上。由于 CO_2 在混凝土毛细孔中的不断侵蚀扩散，与混凝土中的 $Ca(OH)_2$ 反应生成 $CaCO_3$，使混凝土的碱性逐步降低。当混凝土中的 pH 下降至 11.5 以下时，就可能使混凝土失去对钢筋的保护作用，从而使钢筋混凝土结构中钢筋受到锈蚀，钢筋锈蚀产生的体积膨胀，造成混凝土保护层的剥落。这一结果将给钢筋混凝土结构的安全运行带来潜在的威胁。为防止水工钢筋混凝土结构的碳化，一般采用两种方法加强防护。一种是增加混凝土本身的抗碳化能力，如增加混凝土的密实性或保护层厚度，尽量降低空气中 CO_2 对混凝土的扩散能力和延长扩散时间。这种防护措施主要适用于新建工程。另一种用于大量已建水工钢筋混凝土结构，如水闸、坝顶钢筋混凝土结构和电厂钢筋混凝土结构等，采用在混凝土表面设置防护层，尽量隔绝空气中的 CO_2 和水分对混凝土保护层的扩散侵蚀的方法。本项研究的目的是开发适合水工钢筋混凝土结构的防碳化涂层及喷涂技术，在水工钢筋混凝土结构表面形成 CO_2 隔离层，防止碳化作用的发展，从而使已建的水工钢筋混凝土结构能延长安全使用寿命，获得更大的经济效益和社会效益。

二、防碳化涂层材料的选优

1. 试验的涂层材料

(1)呋喃环氧树脂(FAEP)；

(2)585 号不饱和聚酯(585 号)；

(3)BC 丙烯酸酯(BC)；

(4)ES 丙烯酸酯共聚乳液(ES)；

(5)氯磺化聚乙烯(CSPE)；

(6)CS 水泥基涂料(CS)。

2. 选优要求及试验方法

作为优选的防碳化涂料,除了有良好的气密性即防止 CO_2 渗透的能力外,还需达到以下要求:

(1)涂料与混凝土有一定的粘结强度,以保证涂层能牢固地黏附在混凝土表面。

(2)有一定的变形能力,以适应温度变化时不致发生开裂或与基底脱开。

(3)为便于施工,对涂料的固化时间即表干时间亦有一定要求。

(4)耐水性试验。把涂料涂刷在 10 cm×10 cm×10 cm 立方体混凝土试件表面,涂料固化后浸入常温水中 30 d 后观察涂层表面的变化情况。

(5)抗温度变化性能试验。把涂料涂刷在 20 cm×20 cm×4 cm 水泥砂浆板表面上,待涂料固化后放入−25 ℃冰箱中 2～3 h,然后移入 85 ℃烘箱中烘 2 h 为一循环,经若干循环后检查涂层的变化情况。

(6)碳化试验。将烘干处理过的 10 cm×10 cm×10 cm 立方体混凝土试件相对的两个侧面,涂刷上待试验的涂料,其余各面均用热的石蜡予以封闭,待涂料固化后,将试件移入碳化箱中进行碳化试验。碳化箱内 CO_2 浓度维持在(20±2)%,湿度控制在 70%～80%;因箱内缺少温控设备,仅靠室内空调调节箱内温度,箱内温度基本维持在(26±1)℃。在箱内经过 3 d、7 d、14 d、28 d 碳化后分别取出试件,破型后测定其碳化深度。

3. 试验结果与讨论

(1)粘结强度:FAEP、585 号的粘结强度较高,破坏均发生在水泥砂浆试件上,涂层本身未坏,可见涂层的粘结强度高于水泥砂浆本体的抗拉强度。BC、ES、CSPE 次之,但粘结强度都在 0.5 MPa 或以上,仅 CS 因稠度要求,水灰比偏大,从而粘结强度较低。

(2)固化时间。CSPE、BC、ES、CS 均可在10～30 min 达到表干。FAEP 和 585 号固化时间较长,表干时间在 1～2 h。深层的表干时间与施工时的气候条件有关,气温低、大气湿度大时,表干时间可能长些。

(3)抗折试验。CSPE、BC、ES 在镀锌薄钢板上的涂层,当对折时(曲率半径约 0.5 mm)涂层未裂,说明这三种涂料的变形能力较好。FAEP、585 号、CS 的涂层,当镀锌薄钢板稍弯曲时即发生裂纹,说明这几种涂料的变形能力较小。

(4)耐水性试验。涂层经过 30 d 浸水后检查,FAEP、CS、CSPE 的涂层表面光滑完好,说明这几种涂料的耐水性较好。585 号涂层表面有少量鼓泡但仍光滑,BC 的涂层表面稍显粗糙并有少量鼓泡,此两种涂料的耐水性比前三种稍差。ES 的涂层表面较粗糙且鼓泡较多,是这几种涂料中耐水性最差的。

(5)抗温度变化性能:涂层暴露在大气中,总要经受由负温到正温的温度变化。

涂层与混凝土的热膨胀系数存在差异，当温度变化时，两者均会发生变形，混凝土往往阻碍涂层自由变形，此时涂层或者产生裂缝，或者与混凝土脱开。为了考察涂层对温度变化的适应性，在室内进行了由 $-25\ ℃$ 至 $85\ ℃$ 的变温试验，温差较大，温度变化速度较快。经过 4 个循环，585 号涂层开裂，部分与水泥砂浆脱开，说明它对温度变化的适应性较差。其余几种涂料经过 20 个循环，涂层表面完好、未开裂，与水泥砂浆亦未脱开，说明这几种涂料对温度变化的适应性很好。

(6)碳化试验。经过 28 d 碳化试验，未涂涂料保护的混凝土碳化深度已达 19.7 mm，涂 FAEP、585 号、ES 的混凝土碳化深度为 0，说明这几种涂料对混凝土的封闭效果最好，对混凝土的保护能力最强。涂 CSPE 的混凝土 28 d 碳化深度仅为 0.5 mm，说明它的封闭效果也很好。涂 BC 的混凝土 28 d 碳化深度为 1.7 mm，约为未涂涂料的混凝土的 1/10，说明它仍有一定的保护能力，作为保护涂层，仍可以延缓混凝土的碳化。涂 CS 的混凝土 28 d 碳化深度为 1.9 mm，约为未涂涂料的混凝土的碳化深度的 1/10，考虑到无机材料的抗老化性能比有机材料好，且其材料来源广，价格较低，在一定条件下仍可作为混凝土防碳化涂料使用。

三、小结

(1)采用涂层防护全封闭处理是提高已建水工钢筋结构防碳化能力的有效措施。

(2)经有机、无机六种防护材料的技术经济比较，适合水工钢筋混凝土结构防碳化处理的材料以 ES 和 CSPE 为宜。

(3)防碳化涂料的合理施工工艺及工程实践效果尚待进一步的验证。

第二节 北京永定河珠窝和落坡岭水电站防碳化处理

一、概述

珠窝和落坡岭水电站是永定河上官厅水库下游的两个梯级电站，位于北京市门头沟区。两个水库的挡水建筑物均为混凝土重力坝，珠窝坝高 33.2 m，坝顶长 134 m；落坡岭坝高 19.5 m，坝顶长 220.75 m。两座大坝分别建成于 1966 年和 1975 年。为了对两个大坝进行安全定检，2008 年和 2013 年分别对落坡岭大坝和珠窝大坝进行了混凝土质量检测。检测结果发现，这两座大坝经过几十年运行之后，坝顶的钢筋混凝土结构(闸门启闭机大梁、行车大梁、支墩等)碳化和钢筋锈蚀现象较为严重。珠窝大坝最大碳化深度达 45 mm，平均碳化深度大于 20 mm；落坡岭大坝最大碳化深度达 34 mm，平均碳化深度大于 15 mm。两个坝坝顶钢筋混凝土结构中，混凝土保护层厚度均为 20 mm，因此混凝土碳化深度已经接近或超过混凝土保护层厚度。大梁下沿主筋部位已经发生了钢筋锈蚀，外部混凝土已局部剥落破损。为确保大坝的安全运行，两个大坝安全定检专家组都提出了对坝顶钢筋混凝土结构的碳化、钢筋锈蚀和局部破损问题，要及时采取修补防护措施的意见。

为此，2014 年 8—9 月，对两个大坝坝顶的钢筋混凝土结构进行了防碳化处理。

二、防碳化处理的部位及其破损情况

1. 珠窝大坝

珠窝大坝共 5 个溢流坝段，本次防碳化处理的部位如下：

(1)5 个溢流坝段上部闸门启闭机大梁和门机大梁以及大梁的支墩。

(2)电站进水口启闭机梁柱。

(3)二期泄洪闸启闭机架和 5 t 吊车梁柱。

碳化修补防护处理总面积约 3 000 m²。

在本次工作中，对以上钢筋混凝土结构部位又进行了仔细检查，发现大梁的碳化和钢筋锈蚀问题比 2012 年定检时又有了进一步的发展。5 个坝段全部启闭机大梁和门机大梁均存在局部混凝土剥落、钢筋锈蚀外露的现象，其中以 4、5 号溢流坝段的门机大梁，3 号溢流坝段的门机大梁和启闭机大梁，2 号溢流坝段的门机大梁和启闭机大梁，1 号溢流坝段的门机大梁以及电站进水口机架柱底部局部破损和露筋情况较为突出。

2. 落坡岭大坝

落坡岭大坝共有 12 个溢流坝段，本次防碳化处理的部位如下：

(1)12 个溢流坝段的启闭机大梁、门机大梁和支墩；

(2)电站进水口机架梁柱；

(3)大坝排砂孔机架梁柱。

碳化修补防护总面积约 5 000 m²。

本次工作中，同样发现坝顶钢筋混凝土结构的碳化和钢筋锈蚀情况，比 2012 年定检时还有发展，尤其是门机大梁。2012 年定检时，混凝土碳化深度不大，大梁混凝土保护层基本完好，但本次检查时，门机大梁也已发生了局部混凝土保护层剥落、主筋锈蚀的现象。

三、防碳化修补处理的技术要求

1. 修补防护处理原则

碳化是混凝土老化的一种形式，是由于空气中 CO_2 对混凝土侵蚀，使混凝土逐步中性化，继而引起混凝土中钢筋锈蚀膨胀，形成外部混凝土保护层剥落破坏，钢筋进一步锈蚀，结构逐步失去承载能力，并最终发生结构破坏的一种病害。

对于这类病害的修补处理，原则上应采用局部修补和全面封闭防护相结合的方法。对于碳化深度超过混凝土保护层、钢筋已产生锈胀破坏的部位，要在较彻底清除的基础上用粘结性好、密实度高的水泥砂浆（或混凝土）进行局部修补，恢复结构物的整体外形。为防止结构其他部位进一步碳化而发生破坏，要用气密性好、粘结性好的防碳化涂料对整个钢筋混凝土结构进行全面封闭，以防止空气中 CO_2 的进一步侵蚀，达到整体防护的效果。

2. 修补材料的特性

新型防碳化涂料及修补材料于 1985 年开始研制，1986 年开始在江苏省万福闸、天津海河闸等工程中推广应用，取得了良好的效果。本次采用的防碳化涂料为复合砂浆（聚合物改性砂浆），即在普通砂浆中复合掺用了高分子聚合物乳液。这种复合砂浆比普通砂浆具有更好的粘结能力和密实性，更有利于修补质量的提高。复合砂浆的力学指标为 R_{28} 不小于 30 MPa，$R_{黏}$ 不小于 0.5 MPa，防碳化能力比普通混凝土提高 10 倍（不用涂料，碳化深度达 20 mm 时，用涂料后碳化深度小于2 mm）。为了使修补防护后结构的外观与大坝整体外观相协调，本次采用的复合砂浆为浅灰色。

四、防碳化修补处理的施工

1. 修补防护的工艺流程

为了确保珠窝和落坡岭大坝防碳化修补处理的工作质量，除了采用性能良好的修补材料和防护材料外，同时制定了较严格的工艺流程，其工艺流程如下：

搭脚手架—钢筋混凝土结构表面的初步清理和确定修补部位—破损部位老混凝土的凿除—钢筋除锈—必要时钢筋补焊加固—钢筋防锈处理—修补表面的清洁—复合砂浆修补—养护—结构物整体表面的打毛、清洗、干燥—喷涂底层防碳化涂料—干燥—喷涂二层防碳化涂料—干燥—喷涂面层防碳化涂料和养护。

2. 施工机具

为保证施工质量和加快施工质量，本次修补工作采用了冷水高压清洗机清洗结构物，该机最大水压可达 6 MPa，不仅可清洗掉结构物表面的尘土等脏物，而且可清洗去一些疏松的混凝土，具有良好的表面清洗效果。

在防碳化涂料的作业上，采用了无气高压喷涂机，该机在喷涂过程中，涂料内部不夹带空气，可进一步保证涂层的密实性，且该机喷涂效率较高，每小时可喷涂 200 m² 以上。由于本次工作采用了较好的施工机械，对于保证修补防护质量和加快施工进度都起到良好的效果。

3. 施工过程

本次修补工作，先进行珠窝大坝，后进行落坡岭大坝。珠窝大坝的工作日期为2014年8月6日至9月5日，落坡岭大坝的工作日期为2014年9月6日至9月26日，整个工作历时50 d。两个工程在施工中均严格按上述技术要求和工艺流程进行，并有专人对每个环节的质量进行检查把关，确保整体工程的修补质量。

五、工程验收

为保证工程质量，华北电力局及石景山发电总厂对本次工程进行了两次检查验收。2014年9月2日在珠窝大坝现场对该坝的防碳化修补处理工作进行了仔细检查和验收；10月6日在落坡岭大坝现场，对落坡岭大坝的防碳化修补处理工作进行了第二次检查验收。经对两个工程的检查可知，两个大坝的防碳化修补处理工作达到合同规定的各项要求，较好地完成了修补防护任务，验收合格。

六、小结

（1）珠窝和落坡岭大坝坝顶钢筋混凝土结构的碳化和钢筋锈蚀病害比较普遍，局部较为严重。华北电力局及石景山发电总厂及时地做出对两个大坝进行防碳化修补防护处理的决定和实施是非常必要和正确的。

（2）采用先进的修补防护材料和可靠的工艺技术，完成了珠窝和落坡岭大坝钢筋混凝土结构的防碳化修补处理工作，达到了预定的目标，为进一步保证两坝的安全运行起到积极的作用。

（3）之后对珠窝和落坡岭大坝进行了安全鉴定，已做防碳化处理的钢筋混凝土结构表面涂层完好，混凝土的碳化深度没有发展，充分证明了防碳化涂层材料和施工工艺是良好有效的。

参 考 文 献

[1] 李金玉，曹建国 ，徐文雨，等．混凝土冻融破坏机理的研究．水利学报[J]．1999，30(1)：41-49．

[2] 曹建国，李金玉，林莉，等．高抗冻和超抗冻混凝土的开发和应用[C]．全国混凝土耐久性学术交流会，2000．

[3] 彭小平，李金玉．高贝利特水泥(HBC)的性能分析[J]，混凝土与水泥制品，2001(6)：14-16．

[4] 李金玉，彭小平，隋同波，等．HBC 低热高抗裂大坝混凝土的开发研究[J]．水力发电，2004，29(a02)：25-33．

[5] [英]A. M. 内维尔．混凝土的性能[M]．李国泮，马贞勇，译．北京：中国建筑工业出版社，1983．

[6] Ramachandran V S, Frldman R F, Beaudoin J J，等．混凝土科学[M]．黄士元，孙复强，王善拔，等，译．北京：中国建筑工业出版社，1986．

[7] 曹建国，李金玉，林莉，等．高强混凝土抗冻性的研究[J]．建筑材料学报，1999(4)：292-297．

[8] 彭涛，李金玉，曹建国，等．十三陵蓄能电站上水库面板质量检测和抗冻性评估[J]．水力发电，2003(1)：65-67．

[9] 李金玉．对防渗墙"双掺"混凝土耐久性的探讨[J]．水利水电技术，1986(9)：27-29．

[10] 徐文雨，关英俊，李金玉．大坝混凝土渗漏溶蚀的研究[J]．水利水电技术，1990(7)：43—47．

[11] [苏]莫斯克文，伊万诺夫，阿列克谢耶夫．混凝土和钢筋混凝土的腐蚀及其防护方法[M]．倪继森，等，译．北京：化学工业出版社，1988．

[12] 吴中伟．科教兴国　任重道远　水泥砼科技工作者面临的挑战与机会[J]．混凝土与水泥制品，1996(1)：3-4．

[13] 潘家铮，何璟．中国大坝 50 年[M]．北京：中国水利水电出版社，2000．

[14] 蒋元羽，韩素芳．混凝土工程病害与修补加固[M]．北京：海洋出版社，1996．

［15］中国水利水电科学研究院结构材料研究所．大体积混凝土［M］．北京：中国水利水电出版社，1990.

［16］朱伯芳．大体积混凝土温度应力与温度控制［M］.2版．北京：中国水利水电出版社，2012.

［17］李金玉．混凝土耐久性安全性问题值得重视——访美感想［J］.混凝土与水泥制品，1997(4)：21-22.

［18］蒲心诚．论混凝土工程的超耐久化［J］.混凝土，2010(1)：3-7.

［19］王媛俐，姚燕．重点工程混凝土耐久性的研究与工程应用［M］.北京：中国建材工业出版社，2001.

［20］李金玉，曹建国．混凝土表面保温保湿抗裂防水喷涂技术的开发应用［J］.水力发电，2002(2)：24-25.

［21］李金玉，彭小平，田军涛，等．应力硫酸盐侵蚀的防护及在海堤工程中的应用［J］.混凝土与水泥制品，2000(6)：3-6.